新手也会用的异国

洪白阳（CC）著

河南科学技术出版社
·郑州·

目录

CC的私房笔记 2

意大利巴沙米可醋

（balsamico）

MUSTARD 酱

（芥末酱）

咖喱粉

CC的私房笔记 3

美乃滋（蛋黄沙拉酱）

优格（酸奶）

CC的私房笔记 4

素蚝油

味噌

CC的私房笔记 5

柴鱼酱油

味醂

CC的私房笔记 6

泡菜 & 韩国辣椒酱

CC的追加笔记 7

韩国柚子酱

CC的贴心笔记 8

酱料随手小抄

» 编辑推荐

超实用的调味料教学

相信很多人都有逛超市的经验，在享受购物的同时，面对着酱料区内的瓶瓶罐罐、各式各样的调味料，是不是常常会不知如何使用呢？

另外，家中购买的一些调味料或友人馈赠的酱料，你是不是也常常不知该如何使用呢？除了偶尔拿出来搭配食物，最后，好像也只能眼巴巴地看着它过期！

但跟着CC老师实地走一趟超市后，发现CC老师对这些琳琅满目的瓶瓶罐罐如数家珍："这种酱料只要再加……就变成……这个牌子的酱料还可以……"编辑赚到了一堂精彩的调味料教学课！哇！调味料原来还可以这样用！

"轻松好操作，简单却美味"是CC老师的烹饪教学宗旨，料理创造的幸福感是CC老师教学最大的乐趣。美食，也可以是生活美学最佳的实践代表。

本书中，CC老师特别针对现代人的购物习惯，以最容易买、使用率最高的12种酱料，变化出80道简单美味的料理，相信，一定能改变你对调味料既定的看法！

编辑小叮咛

1.关于本书中的"匙"和"杯"

台湾市售的量匙和量杯在量容量时差不多可以这样换算：1杯=236毫升，1大匙=15毫升=3匙，1匙=5毫升，1杯=16大匙。

如果用量匙和量杯来称重量，就因为材料不同而有差异了，同样一杯面粉、油、盐、糖或米的重量，都是不一样的。例如1杯水约重240克，1杯油约重200克，1杯面粉为120～135克（高、低筋面粉的重量不同），米约为225克，这样就比较复杂了。所以尽管现在一些专业的食谱上都是写重量（千克或克），但是为了方便初学者，CC老师很多地方仍以杯和匙来做计量单位。

2.关于本书的酱料、调料和食材

本书所用材料全国各大超市（部分在超市进口食品专柜）和农贸市场均有售，或可从电子商务网站购得。

» 作者序

烹调最简单的原味

美食的定义很广，每个人喜欢的口味也都不同，对我而言，美食就是原味。因为原味的鲜美度总是最耐吃。学生问我：“CC老师，你觉得什么最好吃？”我的回答是：“两面煎，煎个六七分熟的荷包蛋！”那种浓郁绵密的口感，我觉得就是人间美味！也就是原味！

做料理，我喜欢保有食物本身既有的甘醇鲜美，尽量不过度烹调。这本书介绍了平常大家所熟悉的各种调味料，CC希望能将简单易煮并能保有食物原味的方法呈现给各位读者，让各位在忙碌的生活中，也能简单上手，煮出各国佳肴，更希望本书能帮你创造出美食的生活乐趣！

Cecilia

所有认识CC的人，包括我的学生，都会说泰国是CC的第二故乡！而学生也都喜欢戏称我为“留泰的”。所以，各位读者，泰国菜当然就是CC我拿手的料理之一！所以，赶快把那些存放在冰箱角落里的泰国甜辣酱及甜鸡酱准备好，你可以尽情发挥它的作用了！

CC的私房笔记 1

甜鸡酱

泰国甜辣酱(是那猜)

甜鸡酱

泰国料理中有一道非常好吃、连CC我都无法抗拒的香喷无比料理——烤鸡。烤鸡上桌时，一定会附上一小碟蘸酱，那就是甜鸡酱。而甜鸡酱不仅是蘸酱而已，它的应用范围其实很广，现在就跟着我来一趟泰国的美食之旅吧！

泰国甜辣酱

泰国甜辣酱，泰语叫“是那猜”，在我家是一定要有的，因为CC我做泰国菜时是少不了它的，除此之外，我那同样烧得一手好菜的亲爱的妈妈，也是泰国甜辣酱的爱好者，尤其是她拿手的油炸食品，蘸上泰国甜辣酱后，好吃得不行！所以，在我们家各式料理都是少不了泰国甜辣酱的。

CC的
私房笔记！
甜鸡酱

泰式甜辣鱼

学生最爱的就是我做的泰国菜，因为CC就是利用泰式酱料，拯救了他们过年时供奉的鱼。通常那条鱼的下场是冻进冰箱，最终就是加些酱油、葱、姜，再回锅一次。因为妈妈怕浪费，所以只好自己慢慢用。而学会这道菜，将解决妈妈的困扰，只需将鱼放入烤箱加热或是入锅再煎热一下，盛入盘内淋上酱汁，保证一家老小抢着吃哦！

甜鸡酱

1 市售甜鸡酱5匙

2 鱼露半匙

3 白砂糖2/3匙

4 柠檬汁2匙半
(可随个人喜爱的酸度增减)

5 蒜末2匙

6 香菜末2匙

7 辣椒末1匙半

一起拌匀，等待10分钟，入味后即成

» 材料

鲈鱼或白鲳1条、盐少许、香菜适量

» 酱汁

甜鸡酱＋8个小番茄（对切），拌匀即成

» 做法

1. 鱼洗净，撒上少许盐（要比一般煎鱼放的盐少一半，少许的盐会使鱼本身的鲜味释放出来）。
2. 锅中倒人2匙油，油热后放进鱼煎至两面呈金黄色，取出放人盘中。
3. 将酱汁淋在鱼上，再撒上香菜即完成。

完美烹调宝典

＊在泰国当地，会将鱼人油锅炸至香酥后，再淋上酱汁。

CC的
私房笔记1
甜鸡酱

凉拌肉片

过年期间在我的博客点击最多的一道菜，看到它的点击率，开心之余，CC我也乐得分享给大家，真的简单、好做又广受好评哦！

» 材料

猪松板肉400克、洋葱半个（切丝）、番茄1个、葱2根、黄瓜1/4条、红辣椒2个（切段）、香菜适量

» 酱汁

甜鸡酱＋香茅2支（切末），拌匀即成

» 腌料

鱼露半匙、白砂糖1小匙、蒜末半匙、香菜末半匙

» 做法

1. 肉切片，放入腌料拌匀，30分钟后放入锅中煎熟；或放入烤箱，上下火200℃烤熟。
2. 番茄切块，黄瓜切片，葱及红辣椒切段备用。
3. 将步骤1和步骤2的食材及洋葱丝放进调理盆内，倒入酱汁拌匀，盛盘，撒上香菜即完成。

完美烹调宝典

＊香茅的外围较粗适用于炖肉或煮汤，内部较软嫩可用来凉拌。

CC的
私房笔记！
甜鸡酱

泰式酸辣透抽 >>

夏日的夜晚，若能在异国的沙滩上用餐，是非常浪漫的。记得当时的场景就是如此，我在泰国很著名的度假胜地——华欣的一家餐厅吃到这道菜时，心里跳了一下，那种对美食的感动远远超出了其他任何感觉！

» 材料

透抽2只、小黄瓜2根、香菜适量、高丽菜（卷心菜）100克

» 酱汁

甜鸡酱+柠檬叶6片（切丝），拌匀即成

» 做法

1. 将透抽皮剥掉，洗净，擦干水分；移入烤箱，上下火200℃烤熟，取出，切圈状。
2. 小黄瓜切片、高丽菜切丝，铺在盘底。
3. 再将切好的透抽铺在上面，淋上酱汁，撒上香菜即完成。

完美烹调宝典

＊透抽：一种多爪海鲜，外观和鱿鱼相似，但体形较为细长、圆润，易于切圈，且做成菜肴更为美观。

＊如果透抽不易买到，也可用鱿鱼代替。

CC的私房笔记！
甜鸡酱

香茅鲜虾

有天早上，我的一个好友，也是我的学生，醒来后打电话给我，说她闻到一阵熟悉的泰国菜独有的香茅味，让她好怀念，也因此嘴馋得厉害，问我怎么办。我就在电话中教了她这道简单又香味十足的香茅鲜虾。晚上，她又打电话给我并大声说：“CC！真的太好吃了！我爱死你了！”

» 材料

草虾600克、绿花椰菜400克、蒜末1匙、太白粉（淀粉）适量

» 酱汁

甜鸡酱+香茅4支（斜切段），拌匀即成

» 做法

1. 草虾由背部划一刀，裹上太白粉，入160℃油锅炸熟，取出，沥干油；或直接放入烤箱，上下火200℃烤熟。
2. 锅中倒入1匙油，放进蒜末爆香，再放进绿花椰菜炒熟，取出，围于盘边备用。
3. 酱汁倒入锅内，再放进草虾拌炒一下起锅，倒入盘中即可。

泰国风味烤鸡

每回到曼谷，我都会带学生到一家我一定会去拜访的花园餐厅，享用那让我朝思暮想的烤鸡。一口咬下，香甜的鸡汁满溢口中，味蕾展开了惊艳之旅，让人沉浸在幸福中。

» 材料

鸡半只、甜鸡酱1碟、生菜适量

» 腌料

鱼露1匙半、椰浆4匙、蒜末1匙半、香菜末1匙、胡椒粉少许、姜黄粉1小匙、酱油2匙

» 做法

1. 将鸡胸去骨，均匀涂抹上腌料，放进冰箱置一晚。
2. 将入味的鸡肉放进烤箱，上下火220℃，烤约20分钟（时间需视烤箱功能而定，此为参考）。
3. 烤好的鸡肉放盘中，附上一碟甜鸡酱即可。

完美烹调宝典

＊这道菜在泰国还会附上另一种蘸酱，做法是：将鱼露2匙、糖6匙煮至溶解，待凉，放进蒜末1匙半、香菜末1匙半、红辣椒末1匙半、柠檬汁2匙拌匀即成。

＊腌好的鸡肉建议最好放入保鲜盒内，再放进冰箱冷藏。5天内为入味期。

＊也可用去骨鸡腿代替半只鸡。上述的腌料量约可腌3只大的鸡腿或4只小的鸡腿。

CC的
私房笔记1
泰国甜辣酱

泰式凉拌海鲜 >>

“老师，我前几天在一家泰国餐厅吃到很地道的泰国味哦！那菜吃起来的味道，跟你做的泰国菜好像！而且他们厨师是泰国人耶！老师，你果然是留泰的！”

» 材料

草虾12只、透抽1只（切圈状）、淡菜8个、番茄1个、葱2根、洋葱半个（切丝）、红辣椒2个、红葱头3个、芹菜4根、香菜适量

» 酱汁

泰国甜辣酱5匙、鱼露半匙、柠檬汁2匙、白砂糖半匙、蒜末1匙半、红辣椒末1匙，拌匀

» 做法

1. 草虾煮熟，取出，冰镇后将头壳剥掉，留尾巴。
2. 淡菜及透抽亦煮熟，泡水冰镇后，取出，沥干水分。
3. 番茄切块，红葱头切丝，红辣椒、芹菜、葱斜切段。
4. 取一只调理盆，倒入酱汁和洋葱丝及步骤1、2、3的食材充分拌匀，盛入盘内，撒上香菜即完成。放置5分钟后再食用，味道更佳。

CC的私房笔记1
泰国甜辣酱

泰国牛肉凉拌 VV

通常，当我的冰箱里只剩下一块牛排时，我便会将它发扬光大在泰国料理中。因为一块牛排不够搞定所有人，而用这个方法，会让大家都吃得到牛排。所以当食材分量不够时，不妨换个方式来做料理，大家也都能吃得开心哦！

» 材料

沙朗或菲力牛排1块（约284克）、洋葱1/3个（切丝）、红葱头3个（切丝）、红辣椒2个（斜切段）、番茄1个（切块）、芹菜3根（切段）、葱2根（切段）、蒜5瓣（切片）、香菜适量

» 酱汁

泰国甜辣酱3匙、鱼露半匙、香茅1支（切末）、蒜末和红辣椒末各半匙、柠檬汁2匙，拌匀

» 做法

1. 将牛排煎至喜爱的熟度取出，切片。
2. 取一只调理盆，放进酱汁、切好的牛排及其他材料拌匀，盛入盘内，撒上香菜即完成。

完美烹调宝典

＊常常有人问我：“CC老师，牛排几分熟要如何看？”很多厨师是凭经验，但对学生来说，他们哪会有那些经验，所以我告诉他们一个好方法：摸摸耳垂感受到的柔软度即是三分熟，脸颊的触感即五六分熟，鼻头的触感即八九分熟。
下次煎牛排时，你不妨也试试我的方法。

CC的
私房笔记！
泰国甜辣酱

泰国风味皮蛋 >>

有次朋友请我去一家泰国餐厅，她告诉我这家餐厅有道皮蛋超好吃，当菜一上桌时，我笑翻了！我跟朋友说："小姐，你嘛帮帮忙！亏你还是我CC的好朋友！你难道不知道，其实这道好吃的菜，只要一瓶是那猜（泰国甜辣酱），就搞定了！"朋友惊讶得当场脸上三条杠。

» 材料

皮蛋3个、泰国甜辣酱3匙、香菜末适量、葱花1匙

» 做法

将皮蛋壳剥掉，再切成四等份，放置盘内。淋上泰国甜辣酱，撒上香菜末及葱花即成。

CC的私房笔记！
泰国甜辣酱

清迈甜辣鸡

清迈是泰国一个风景秀美、气候宜人的地方，我也是在这里第一次吃到甜辣鸡。第一次尝到就爱上它了，但我又戏称它为“吵死人的菜”，因为我那外甥，一天到晚吵着我，要吃我做的这道菜。这是他最爱的泰国菜，而且，据他说台北的泰国餐厅是吃不到的！

» 材料

去骨鸡腿3只、鸡蛋1个、红薯粉适量

» 酱汁

泰国甜辣酱5匙、柠檬汁3匙、白砂糖2匙、鱼露1匙、甜酱油2匙、蒜末2匙、红辣椒末2匙、香菜末2匙，拌匀

» 腌料

柠檬叶5片(切丝)、鱼露半匙、白砂糖半匙、蒜末1匙、甜酱油2匙、香菜1匙

» 做法

1. 鸡腿切块，放入腌料拌匀，放置30分钟。
2. 鸡蛋打散，倒进腌好的鸡块拌匀，裹上红薯粉。放入160℃油锅炸熟，取出，沥干油。
3. 酱汁倒入锅内，再放进炸好的鸡肉，快速拌炒匀，倒入盘内，撒上香菜即可。

完美烹调宝典

＊如没有甜酱油，可用酱油膏代替，因为酱油膏不怎么咸。

＊如怕油炸过的食物太油腻，可放进180℃的烤箱，烤3～5分钟，将油烤出。时间要掌控好，以免烤得过熟，使食物像干柴一样。

CC的私房笔记 2

意大利巴沙米可醋（balsamico）

MUSTARD 酱（芥末酱）

咖喱粉

意大利巴沙米可醋

意大利黑醋——巴沙米可，一般市售发酵年限以2～5年为最常见，价钱也比较便宜，但它必须煮至浓缩一半（2匙煮至1匙）；另一种为6～10年，可直接食用；还有一种12年以上，顶级的巴沙米可，价格昂贵，食用时滴几滴即可。CC有一罐味道香醇的巴沙米可醋，售价约台币4000多元（编者注：1元人民币约可兑换4.5元台币），蘸牛排、海鲜、猪排都非常美味！我最奢侈的吃法就是买一桶进口冰淇淋（一定要香草口味才好）挖到器皿内，再滴上几滴巴沙米可，味道真是非常特别的，含在嘴里一层层不同的口感，有酒香、有醋香、搭着香草口味冰淇淋，犹如谈恋爱的感觉。使用2～5年的巴沙米可，浓缩后即可淋在冰淇淋上。有机会你一定要尝尝看！

MUSTARD 酱

MUSTARD 酱一般最常使用在搭配热狗或汉堡上，用在餐厅，则最常搭配德国猪脚，而我家的MUSTARD最常用来搭配烤鸡腿，是很特别的口感喔！（本书中介绍的欧风酱也是用MUSTARD）

咖喱粉

相信很多人一定做过这种事情，买了一瓶咖喱粉，煮了一次会觉得味道不够，而改买咖喱块，而之前那瓶不够味的咖喱粉，可能就常常放到过期而被丢弃，真可惜！现在，我们来挽救咖喱粉的命运吧！

意大利风味炒蘑菇 >>

这道炒蘑菇是我在意大利餐厅很爱点的一道菜，虽好吃，但就是价格不便宜，它的做法其实是很简单的，所以为了钱包着想，一定要学会哦！

» 材料

蘑菇300克、生菜1片、培根（腌熏肉）3条、蒜末1匙、红辣椒末1匙、西洋香菜（巴西利香芹，学名为荷兰芹）适量、橄榄油1匙、柠檬半个（榨成汁）

» 调味料

精制橄榄油1匙、盐和黑胡椒粉适量、巴沙米可醋1匙

» 做法

1. 蘑菇切片，拌上柠檬汁（以防止变黑）。
2. 培根切丝，炒酥，沥干油。
3. 锅中放入橄榄油，炒香蒜末及红辣椒末，加入巴沙米可醋，放入蘑菇片拌炒，以黑胡椒粉及盐调味。
4. 炒好的蘑菇片盛入盘中，撒上西洋香菜及培根，最后放上生菜，淋上精制橄榄油即可。

欧风乡村沙拉 >>

美国洛杉矶有一家加州菜餐厅，厨师非常有名，我第一次去时，吃得好感动。厨师的手法细腻，菜的口感动人，从菜品就可以感受到厨师的用心，感受到他真的很享受这份工作。而这道美食就是我参考他的菜色，根据本国人喜爱的口味加以改变而成。

» 材料

芦笋8根，绿卷莴苣、紫莴苣各适量，生菜适量，番茄1个，红、黄甜椒适量，猪松板肉300克，香蒜粉、红辣椒粉少许

» 沙拉酱

意大利巴沙米可醋1匙、精制橄榄油3匙、蒜末半匙，黑胡椒粉、盐适量，拌匀

» 做法

1. 猪松板肉撒上黑胡椒粉、盐、香蒜粉、红辣椒粉，放置30分钟后入锅煎熟，取出，切片。
2. 芦笋放入锅中煮熟，放凉，切段。
3. 蔬菜洗净，放入冰水中冰镇20分钟，取出，沥干水分。或将蔬菜加水放入冰箱冷藏。
4. 番茄切八等份，红、黄甜椒切片。
5. 将冰过的蔬菜及切好的番茄、甜椒放入盘中，再放上猪松板肉片及切好的熟芦笋，最后淋上沙拉酱即成。

完美烹调宝典

* 猪松板肉也可改成牛排或牛小排。

CC的私房笔记7
意大利巴沙米可醋

巴沙米可牛排 >>

» 材料

菲力牛排3块（约227克）、法国面包3片、番茄粒罐头半罐（捣成碎泥）、牛高汤1/3杯、巴沙米可醋3匙、胡椒盐适量

» 酱汁

锅中放人巴沙米可醋60毫升，煮至剩一半时再放人高汤及番茄粒，煮至浓缩成1/3，过滤即成。

» 做法

1. 牛肉撒上胡椒盐，放人平底锅煎至喜爱的熟度（牛排熟度请参考P.20“完美烹调宝典”）。
2. 面包切片，将煎好的牛排放在面包上，淋上酱汁即完成。

完美烹调宝典

＊常会有学生问我：“老师，牛排买回来要不要洗？”牛排是不需要洗的，洗了鲜甜度会降低，烹煮时会有像血水一样的东西，其实那不是血水，那是牛肉的精华。

另外，选购牛排时，要挑选色泽鲜红、血水没有流出的，若一次购买多块，放久了精华会流失，可在牛排两面涂上一层橄榄油，再包好冷藏即可保持它的鲜美度。

CC的私房笔记？
意大利巴沙米可醋

托斯卡纳沙朗牛排

这道沙拉是我在烹饪工作室中所教过的高级班料理，很受学生欢迎。

》 材料（2人份）

沙朗牛排2块（约227克）、绿色生菜适量、四季豆或芦笋适量、鲜香菇适量、小番茄适量、奶油适量、香蒜粉少许

》 酱汁

橄榄油3匙、巴沙米可醋1匙半、黑胡椒盐适量、细蒜末1匙

》 做法

1. 牛排撒上黑胡椒盐，放入锅中，用奶油煎熟。
2. 四季豆烫熟；香菇拌入橄榄油、黑胡椒盐、香蒜粉烤熟；生菜洗净冰镇后，沥干水分，放入盘中。
3. 在盘中再放上煎好的牛排，然后摆上小番茄，淋上酱汁即完成。

CC的
私房笔记7
意大利巴沙
米可醋

意大利巴沙米可鸡肉卷

很有意大利风格的料理，看起来色彩缤纷，吃起来清淡爽口，给喜欢意大利菜的人。

» 材料

去骨鸡腿4只，红、黄甜椒各半个，四季豆4根，芦笋4根，棉线4根，红酒50毫升，巴沙米可醋3匙，洋葱末2匙，蒜末1匙，鸡高汤6匙，迷迭香2支

» 调味料

黑胡椒盐少许

» 做法

1. 鸡腿肉断筋，先用保鲜膜包住，再用肉锤棒打薄。
2. 甜椒切条状；四季豆、芦笋烫熟，放凉备用。
3. 将打薄的肉撒上胡椒盐，包入甜椒、四季豆、芦笋，用棉线捆绑。
4. 锅中放入2匙油，放入捆好的鸡肉卷、迷迭香，煎至焦黄，洒上红酒至蒸发后，移入200℃烤箱，烤约3分钟取出，切开(或直接煎熟)。
5. 蒜末、洋葱末放入锅内炒香，倒入巴沙米可醋煮至浓缩后，加入高汤再煮至浓缩，过滤。
6. 先将煮好的汤汁淋在盘上，再摆入鸡肉即完成。

CC的私房笔记7 MUSTARD酱

加州风味烤鸡腿

》材料

去骨鸡腿3只、奶油50～60克、洋葱1个（切丝）、面包粉4匙、苏打饼干适量（切碎）、大蒜奶油酱1匙半、蒜粉少许、西洋香菜少许、黑胡椒及盐适量、MUSTARD酱3匙

》做法

1. 鸡腿撒上黑胡椒盐、蒜粉，裹上面粉，放入平底锅中，煎至金黄色起锅。
2. 奶油放入锅中，熔化后，放入洋葱炒到透明，加入MUSTARD酱拌炒一下即可。
3. 将大蒜奶油涂抹在鸡腿上，再铺上炒拌过的洋葱，并撒上面包粉及苏打饼干末，放入烤箱约10分钟，烤熟即可取出，撒上西洋香菜摆盘。

完美烹调宝典

＊大蒜奶油酱做法：

奶油1小块（以室温软化）、蒜末2匙、香蒜粉1小匙、红酒1匙拌匀即可使用，剩余的放在冰箱冷藏即可。

CC的
私房笔记7
MUSTARD酱

北海道芥末牛肉卷

» 材料

牛小排肉片300克、洋葱1/3个（切丝）、MUSTARD酱适量、西洋香菜少许、培根片适量、面粉适量

» 酱汁

白味噌1匙、水4匙、素蚝油1匙、酒1匙、糖1小匙、辣豆瓣酱半匙，煮滚即可。

» 做法

1. 肉片撒上少许黑胡椒盐，涂上MUSTARD酱。
2. 将涂好酱的肉片包入培根及洋葱丝，封口，用面粉黏合好，入锅煎成金黄色，放入盘中。
3. 将酱汁淋在煎好的肉卷上即完成。

151

CC的
私房笔记7
咖喱粉

咖喱风味炸鸡 >>

很多人爱吃炸鸡。比起速食店的炸鸡，CC相信，自己做的炸鸡一定会更好吃，照着我的方法试试，你一定会同意我的话！

» 材料

鸡肉600克、低筋面粉半杯、咖喱粉2匙、鸡蛋1个

» 腌料

咖喱粉2匙半、香蒜粉1小匙、盐1匙、姜汁1匙半

» 做法

1. 鸡肉切块，放入腌料腌3小时（腌一夜会更入味），再将鸡蛋打散与鸡肉拌匀。
2. 面粉与咖喱粉拌匀，裹在鸡块上。
3. 将拌好的鸡块放入160℃油锅，炸熟，取出，沥净油即可。

CC的私房笔记7 咖喱粉

中国风味咖喱鸡翅

另一种中国风味的咖喱鸡翅，吃过的朋友都会惊叹它迷人的特殊味道，特别是再配上一杯冰凉的啤酒，更是过瘾！

» 材料

鸡翅600克、八角1粒、姜末1匙、洋葱末2匙、高汤半杯、酒2匙、咖喱粉2匙、蒜末1匙、葱丝及辣椒丝适量

» 腌料

姜片3片（拍碎）、蒜末1匙半、酒1匙、咖喱粉2匙、盐1匙

» 调味料

酱油2匙、白糖1匙半、香油少许

» 做法

1. 鸡翅放入腌料拌匀，放置1小时。
2. 将腌好的鸡翅放入烤箱烤至呈金黄色，或用油炸成金黄色。
3. 锅中放入洋葱、姜、蒜末爆香，放入咖喱粉炒香后，加入高汤拌匀，倒入烤过或炸过的鸡翅及调味料，烧约8分钟，淋上香油起锅。
4. 将烧好的鸡翅放入盘中，撒上姜丝与辣椒丝即可。

完美烹调宝典

＊葱丝及辣椒丝一定要浸泡冰水5分钟以上，使用时再沥干水分。浸泡冰水可增加脆度并可消除菜腥味，而且色泽也比较新鲜好看。

CC的私房笔记7
咖喱粉

越南咖喱炖鸭 >>

爱吃南瓜的朋友，一定要试试！煮好的南瓜入口即化，好吃得不行！

» 材料

光鸭1只、洋葱半个（切末）、南瓜半个（切块）、香茅3支、蒜末2匙、红葱头末3匙、柠檬叶8片、椰浆1罐、咖喱粉5匙、高汤1 000毫升

» 调味料

鱼露4匙、糖1匙半、辣椒粉适量

» 腌料

咖喱粉3匙、蒜末2匙、红椒粉适量、姜半匙、鱼露1匙半

» 做法

1. 鸭肉切块，放入腌料拌匀，放置1小时后，放入锅中煎至焦黄，或用烤箱以220℃烤上色。
2. 锅中放入2匙油，将洋葱炒透后，加入蒜末、红葱头爆香，再入咖喱粉炒香后，放入煎好或烤好的鸭块，注入高汤、椰浆半罐，再放入香茅段、柠檬叶、辣椒段，最后放入调味料，煮30分钟。
3. 再将剩下的半罐椰浆倒入煮好的鸭汤中，并放入南瓜煮软即可，食用时可淋上柠檬汁，味道更美！

完美烹调宝典

＊越南曾是法国殖民地，所以在饮食上也受其影响，此道料理的汤汁若炖得较为浓稠，很适合搭配法国面包一起食用；若汤汁较多，可与米粉或河粉搭配，味道也很棒！

＊柠檬叶要撕开，味道才会更香。

CC的
私房笔记7
咖喱粉

咖喱焗饭

饱腹感超强、香浓感十足，是CC教学时人气超高的焗烤佳肴喔！

» 材料

A.草虾12只、蒜末半匙、洋葱末1匙、白酒1匙、黑胡椒盐少许

B.米2杯、蒜末半匙、洋葱末2匙、咖喱粉2匙、高汤2杯

C.奶油1匙、橄榄油1匙、起司（奶酪）1杯、牛奶4匙、高汤4匙、咖喱粉2匙、盐少许、面粉5匙

» 做法

1. 锅入1匙半橄榄油，先放入材料B中的蒜末、洋葱末炒香，再入咖喱粉拌炒到香味溢出，即放入米，小火炒约2分钟。
2. 炒好的米放入电锅，并注入2杯水将饭煮熟。
3. 锅中放入材料C中的奶油，待熔化后，慢慢加入面粉，小火炒到有香味，再放入咖喱粉炒一下，放入牛奶、高汤、盐，以打蛋器拌匀，再放入起司2匙拌匀。
4. 锅中放入材料A中的蒜末和洋葱末炒香，再放入草虾，洒上白酒，煮至蒸发，以黑胡椒盐调味。
5. 将煮熟的米饭铺放于耐热皿中，先放入步骤4的食材，淋上步骤3的汤料，再铺上起司，放入烤箱，200℃烤上色即可，撒上西洋香菜即完成。

CC的私房笔记 3

美乃滋（蛋黄沙拉酱）

优格（酸奶）

美乃滋

不只有涂面包的功用，CC更觉得它是美味的指引者。其实，我是最喜欢美乃滋了，不仅仅是喜爱它的味道，应该说我更爱它的多样化。单一的美乃滋味道已十分鲜美，再加上各种调味料及食材所变化出来的味道又呈现了另一番风味，绝对会让你的味蕾有趟惊喜之旅！另外，用美乃滋变化出来的酱料均可放冰箱冷藏一个星期哦！跟着CC我一起用美乃滋变魔术吧！

优格

这算是继美乃滋后，应学生要求的加映场。其实优格的应用也很广，新鲜的优格可以做沙拉，甚至过期一两天（未坏）也可以拿来做印度菜。优格沙拉学起来很容易，芒果、草莓或对女性子宫很有助益的蓝莓、蔓越莓(现在超市有售冷冻的)等，都非常适合用优格来做出健康美味的沙拉。

CC的私房笔记3 美乃滋

欧式培根炸贻贝

欧风酱

1 美乃滋100克
2 法式芥末酱1匙
3 柠檬汁1匙
4 洋葱末1匙
5 蒜末半匙
6 黑胡椒粉1小匙
7 西洋香菜1小匙
一起拌匀即成

这道欧式培根炸贻贝，让很多不爱吃贻贝的人改变了看法，它的迷人之处在于它的蘸酱，你会不知不觉一口一口地享用它，非常适合拿来当开胃菜哦！

» 材料

贻贝12个、培根6片、鸡蛋1个（打散）、面粉4匙、面包糠适量、黑胡椒粉少许

» 酱料

欧风酱1碟

» 做法

1. 贻贝洗净，沥干水分，撒上少量的黑胡椒粉。
2. 培根对切(一切二)，将培根包住贻贝卷成长筒状，依序裹上面粉、蛋液、面包糠，放入180℃油锅，炸至呈金黄色取出。
3. 蘸欧风酱食用。

完美烹调宝典

＊贻贝即淡菜，又称孔雀贝，香港人称“青口”。贻贝选购新西兰进口的口感较佳，且已处理过，使用起来较方便。更年期女性宜多食用，但不要过量。

＊欧风酱亦可当沙拉酱，或拌入通心面做通心面沙拉。再切些水果、小黄瓜一起拌匀，就又是一道可口的料理。

CC的
私房笔记3
美乃滋

塔塔酱汁炸什锦

塔塔酱

1 美乃滋100克
2 酸黄瓜末1匙
3 洋葱末1匙
4 切碎的熟鸡蛋1个
5 柠檬汁2/3匙
6 西洋香菜1小匙
一起拌匀即成

这是一道我的学生们最爱在有活动时拿出来显手艺的美味菜肴，只要一呈现，马上就要不停地复印食谱给享用过此道料理的人。非常适合有PARTY时的场合。

» 材料

鸡胸肉150克，墨鱼150克，草虾150克，白鱼肉片150克，鲜奶2/3杯，黑胡椒粉、盐适量，低筋面粉、西洋香菜少许

» 酱料

塔塔酱1碟

» 做法

1. 鸡胸肉及鱼切成条状，墨鱼切圈状，草虾去头壳，留尾巴。
2. 将肉及海鲜分别浸泡在鲜奶中，约30分钟后取出。
3. 将浸泡过的肉和海鲜裹上面粉，放入160℃油锅，炸至金黄色，取出。
4. 将炸好的肉和海鲜放至盘内，撒上盐、黑胡椒粉、西洋香菜，蘸塔塔酱食用。

完美烹调宝典

* 浸泡鲜奶可去除肉及海鲜的腥味，并使肉质鲜嫩。
* 食物放入油锅炸时，不要马上翻动，约1分钟后才可翻动，以免沾裹的面粉脱落。
* 油炸食物时选择的油需视油的燃点而定。例：葵花油约210℃；橄榄油约190℃；一般沙拉油约160℃。

西班牙风味炸透抽

西班牙风味酱

1 美乃滋100克
2 洋葱末1匙半
3 蒜末1匙
4 黑胡椒粉半匙
5 番茄酱2匙
6 西洋香菜1小匙
一起拌匀即成

这是西班牙常有的开胃小菜，也是我的年轻学生们最喜爱、也最爱做的料理，既简单又好吃！

» 材料

透抽600g、面包糠适量、面粉适量、鸡蛋2个(打散)、西洋香菜少许

» 腌料

盐1/3匙、黑胡椒粉半匙、红椒粉1小匙、蒜末1匙半、橄榄油1匙半

» 做法

1. 透抽去膜，洗净，切圈状，加入腌料拌匀，置30分钟。
2. 将腌过的透抽依序裹上面粉、蛋液、面包糠入160℃油锅，炸至金黄色取出，置盘中，撒上西洋香菜即可。

完美烹调宝典

* 改用虾，味道也很鲜美。

CC的
私房笔记3
美乃滋

海鲜优格沙拉

美乃滋优格酱

1 美乃滋

2 原味优格

3 少许盐

一起拌匀即成（美乃滋跟优格比例为1：1）

面对它，很多学生的反应是："老师，就这么简单吗？就这样啊！真是太好了，还是老师最懂我们，这道菜最适合我们学了！"这道料理绝对可以验证——简单，就是美味！

» 材料

草虾8只、烟熏鲑鱼4片、生菜150克、洋葱半个、白酒20毫升

» 做法

1. 生菜洗净，洋葱切丝，分别置冰水中约20分钟后，取出，沥干水分。
2. 草虾加入白酒煮熟，去除头、壳，留尾巴。
3. 将生菜及洋葱放于器皿内，再放上烟熏鲑鱼及虾，淋上美乃滋优格酱即可。

完美烹调宝典

＊生菜和洋葱，浸泡冰水，可增加脆度，并减少蔬菜本身的菜腥味。

＊可选用自己喜爱的海鲜搭配。

CC的私房笔记3 美乃滋

京都风味松板猪肉

这是与朋友到日式小酒馆，偶尔会点的菜，为什么是偶尔？因为价格贵了些，但我又爱吃，爱吃又想省钱，所以最后只好自己做啰！如果买到了松板猪肉我就会这样做来解馋，如果没买到，沙朗或菲力牛排也可以，一样美味，但钱包就更失血了。

日风蘸酱

1 美乃滋100克

2 番茄酱2匙

3 辣酱油1匙

一起拌匀即成

» 材料

松板猪肉500克、大葱1根

» 煮汁

酱油3匙、味醂1匙、白砂糖1匙、酒1匙

» 做法

1. 大葱切丝，泡冰水置10分钟后，沥干水分。
2. 猪肉放入锅中，两面煎一下，倒入煮汁，烧至肉汁收干，取出，切片。
3. 将肉片铺于盘上，淋上日风蘸酱，再放上大葱即完成。

完美烹调宝典

* 上述的煮汁可以用来做照烧鸡腿饭或照烧肉三明治也很受欢迎。需注意的是：做照烧鸡腿饭时，别忘了上桌前撒上白芝麻，那个感觉就出来了！

CC的私房笔记3 美乃滋

日式风味芦笋

和风美乃滋酱，是我最爱、也最常做的日式蘸酱，它很让人惊叹，也常令人回味。做法简单，味道却很棒。无论水煮花枝（乌贼）、炸猪排生菜，我都会以它相“拌”。宴客时，我更喜欢把它端出来，让大家分享我的劲味美食料理！

和风美乃滋酱

1 美乃滋100克

2 山葵2匙

3 柠檬汁1匙

一起拌匀即成

» 材料

芦笋300克、和风美乃滋酱适量

» 做法

芦笋洗净，放人滚水氽烫熟，取出，切段，淋上和风美乃滋酱即成。

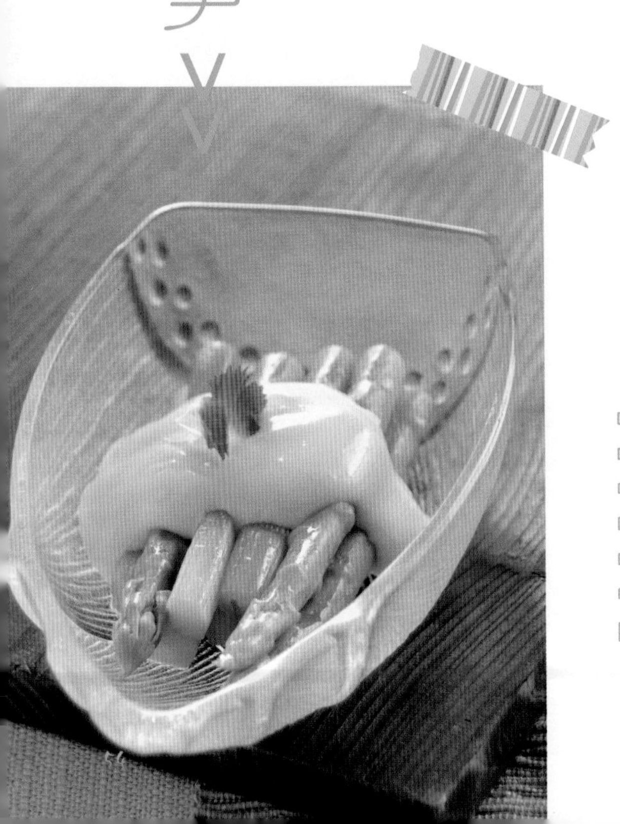

完美烹调宝典

＊如家中有好钢材的锅具，最好采用无水烹调，最能保存芦笋的鲜度哦！做法是将刚洗净的芦笋直接放人锅内，盖上锅盖，待冒烟，改小火约1分钟即可。

CC的
私房笔记3
美乃滋

日式风味烤贻贝

» 材料

贻贝12个、鸡蛋黄1个、红辣椒粉少许、和风美乃滋酱适量

» 做法

1. 贻贝汆烫一下，沥干水分。
2. 和风美乃滋酱加进一个鸡蛋黄拌匀。
3. 拌好的酱铺在贻贝上，再撒上少许红辣椒粉，放入烤箱，上下火200℃烤至上色即可。

CC的
私房笔记7
美乃滋

墨西哥酪梨沙拉

我与学生们常四处吃美食，有一回我们一伙人专程跑到别人推荐的墨西哥餐厅吃饭。饭前抱着满怀的希望，可惜最后美食梦碎！一伙人忍着把菜吃完，但胃里充满了食物引起的不适感，最重要的是幸福感不见了，真是失落啊！基于这点，各位美食爱好者，CC将把真正好吃的墨西哥美食奉献出来！

墨西哥酪梨酱

1 酪梨半个（捣成泥）
2 美乃滋100克
3 蜂蜜1匙
4 蓝莓泥50克
5 柠檬汁2/3匙
一起拌匀即成

» 材料

酪梨2个、鸡胸肉300克、蓝莓50克、番茄1个、生菜50克、柠檬1个、香菜末1匙

» 腌料

小茴香半小匙、盐1小匙、俄力岗香料半小匙、柠檬汁半小匙、香菜末1匙、香蒜粉半小匙、红辣椒粉半小匙

» 做法

1. 鸡胸肉放入腌料拌匀，放置30分钟，入锅煎熟，取出，待凉切块。（切好的肉块，单吃就很好吃了，也可用来做成三明治或烤肉都很美味！）
2. 酪梨对切，取出果肉切块状，拌上柠檬汁。
3. 生菜洗净，冰镇后，沥干水分。
4. 生菜撕小片，铺于酪梨壳内。
5. 将蓝莓粒、酪梨块、鸡胸肉块及香菜末置于碗内，取3匙墨西哥酪梨酱拌匀。
6. 将步骤5拌好的食材放入铺好生菜的酪梨壳内，再摆上番茄及蓝莓，并以香菜做点缀即完成。

完美烹调宝典

* 酪梨切开后，很容易变黑，所以要拌上柠檬汁。

CC的
私房笔记7
美乃滋

法式蜂蜜芥末酱

若是不喜欢美乃滋做沙拉酱的基底，尝尝法式蜂蜜芥末酱，一定会臣服于它的美味！这是我的学生告诉我的食后感言。这个酱让我在教学上得到更多的掌声。有时我会想，也许教学就是我带给大家幸福的另一种方式吧！它改变了一个家庭的饮食，让老公、孩子每天都会回家吃晚饭，使家庭更幸福和美。那么，我想我的人生也会更加幸福快乐。

1 美乃滋100克
2 蜂蜜1匙半
3 蒜末半匙
4 洋葱末1匙
5 酸黄瓜末1匙
6 芥末酱1匙
7 柠檬汁1匙
8 西洋香菜1小匙
9 切碎的熟鸡蛋1个
一起拌匀即成

法式蜂蜜芥末沙拉>>

我请朋友吃饭时，常做这一道料理，我会将所有生菜及水果在器皿中放好，再铺上一只照烧鸡腿（做法请参照P.53的“完美烹调宝典”）上桌，然后再煮上一杯咖啡或泡上一杯红茶，这就是我的宴客简便餐，非常受女性朋友喜爱。如果想增进你的好人缘，不妨试试哟！

» 材料

生菜适量、小黄瓜1根、番茄1个、苹果1个、柳丁1个

» 做法

1. 苹果去皮，切块，浸盐水约5分钟取出，沥干水分。
2. 柳丁去皮，切块。
3. 小黄瓜切斜片，番茄切块。
4. 生菜洗净，冰镇后取出，沥干水分。
5. 将所有生菜及水果放入器皿中，附上法式蜂蜜芥末酱即完成。

CC的
私房笔记7
美乃滋

蓝带猪排佐百香果美乃滋酱

我有一位学生，有次特意到五星级饭店点了一份他最想吃的蓝带猪排，却很失望。他也曾去其他烹饪班学习，还是学不到他要的顶级口感。现在他成为我的学生了，所以做出他梦想的蓝带猪排，就成为CC我的责任了。我找了我目前最爱的起司及口感甘醇香浓的加拿大经典火腿，还有我最爱吃的黑毛猪小里脊及名店的土司，再搭配我的蘸酱，终于让他找到他要的顶级口感了！

百香果美乃滋酱

1 美乃滋100克
2 番茄酱1匙半
3 洋葱末1匙
4 TABASCO（塔巴斯科辣酱）半匙
5 百香果酱半匙

一起拌匀，待10分钟后味道更好

» 材料

小里脊猪排600克、起司4片、火腿4片、面包糠适量、鸡蛋1个、面粉少许、高丽菜丝适量

» 腌料

黑胡椒粉、盐适量（黑胡椒粉和盐的比例为2：1，咸度适中）

» 做法

1. 小里脊猪排切蝴蝶刀法，以肉锤棒拍打松软，撒上黑胡椒粉及盐。
2. 起司片与火腿片夹在猪排中间。
3. 依序裹上面粉、蛋液、面包糠，放入160℃油锅，炸呈金黄色取出沥净油。
4. 将高丽菜丝放入盘中，摆上炸好的猪排，附上一碟百香果美乃滋酱即可。

完美烹调宝典

＊蝴蝶刀法：第一刀切下不切断，第二刀再切断。

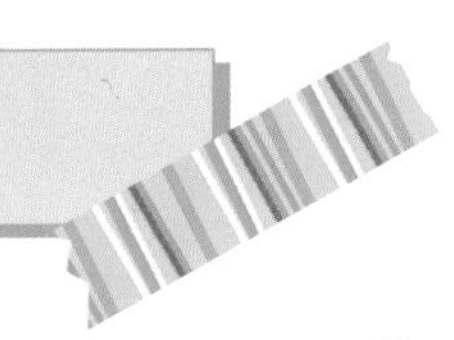

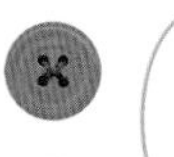

CC的
私房笔记3
美乃滋

千岛沙拉 >>

» 材料

西芹100克、小黄瓜2根、胡萝卜100克

千岛酱

1 美乃滋100克
2 洋葱末1匙
3 酸黄瓜末1匙
4 番茄酱2匙
5 切碎的熟鸡蛋1个
6 西洋香菜半匙
7 香橙浓缩汁1匙

一起拌匀，待10分钟后，味道更佳哦

» 做法

1. 西芹削皮后，切长条；小黄瓜切长条；胡萝卜去皮，切长条。
2. 将千岛酱放入杯内，再插上上述蔬菜即可。

是前菜的最佳选择！

CC的私房笔记？美乃滋

海鲜佐千岛酱

» 材料

草虾、透抽各100克，生菜适量

» 做法

将生菜放于器皿内，铺上海鲜（海鲜煮法及生菜做法与P.52相同），淋上千岛酱即完成。

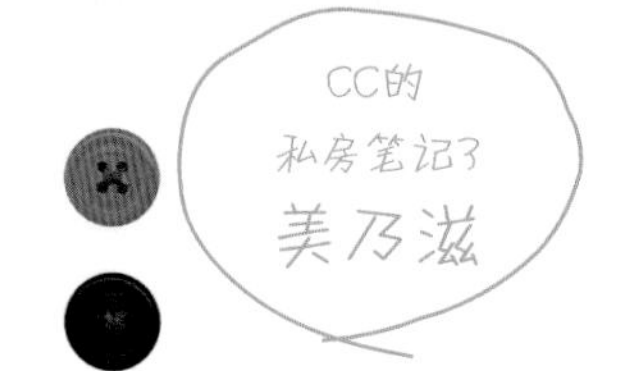

其实美乃滋原有的味道就很受欢迎了，所以CC教大家用原味美乃滋变化出让人意想不到并且非常适合朋友聚会的开胃菜哦！

原味美乃滋恋蓝莓 >>

告诉大家非常非常简单不用煮也不用切太多菜的美味料理，只要三种材料就完成了。而它的美味犹如恋爱的感觉，会让人不知不觉一口接一口呢！

» 材料

美乃滋约100克、冷冻蓝莓适量、西芹200克

» 做法

1. 西芹洗净，削皮，切约6cm长。
2. 将蓝莓铺于西芹凹陷处，再挤上美乃滋即完成。

CC的私房笔记7 优格

蓝莓优格沙拉

》 材料

生菜适量，黄甜椒、红甜椒（切条）适量

》 酱料

蓝莓半杯、优格1杯、蜂蜜2匙、盐少许一起拌匀。水果可视个人口味加以变化，基本原则是水果和优格比例为1：2。

》 做法

将酱料一起倒入果汁机中打匀，淋在生菜上即可。

完美烹调宝典

＊水果口味的优格沙拉还有蔓越莓、百香果、芒果等，各位读者不妨试试自己较喜欢的口味。我自己较偏好芒果优格，它跟蔓越莓优格都很适合用在有海鲜的沙拉上，吃起来非常爽口。

印度烤鸡腿 >>

请客时，我最常用来做印度套餐的一道好用的料理。只要前一天腌好，当天客人一到即放入烤箱，煮个白饭，再来一道青菜，就可轻松上桌，另外再配个奶茶，完美极了。

» 材料

去骨鸡腿3只隻

» 腌料

黑胡椒盐适量、郁金香粉1小匙、红辣椒粉少许、姜末半匙、蒜末1匙、优格1杯、香菜末2匙半、柠檬汁适量、洋葱末1匙半、小茴香粉1小匙

» 做法

1. 鸡腿肉洗净，均匀涂抹上腌料，腌10小时。
2. 放入烤箱，上下火220℃，烤约10分钟（时间需视烤箱功能而定，此为参考），烤熟即可。

CC的
私房笔记3
优格

印度辣味鸡

我最爱的印度菜，味道完全赢得了我的青睐，大力推荐给不太爱印度菜的人，相信一定都会觉得好吃。

» 材料

鸡腿3只（切块）、高汤半杯、姜末2匙、蒜末2匙、小茴香粉半小匙、辣椒粉适量、胡椒粉少许、郁金香粉半小匙、香菜适量

» 调味料

优格3匙、柠檬汁1匙半、酱油半匙、盐少许

» 腌料

姜末半匙、蒜末1匙、香菜末1匙、郁金香粉1小匙、盐适量

» 做法

1. 鸡块放入腌料，腌20分钟。
2. 腌好的鸡块放入锅中，煎至焦黄取出，备用。
3. 姜末、蒜末、香菜末入锅炒香，再放入小茴香粉、郁金香粉、胡椒粉炒后，放入鸡块、高汤与调味料煮约8分钟，盛盘，撒上香菜即完成。

印度风味优格烧虾 >>

对我而言，有些印度菜有太多怪怪的味道，是不太可能讨好我的味蕾的，当我好奇地问大家的感觉时，大部分朋友跟我是一样的。其实，印度菜是非常好吃的，本书介绍的印度菜所用香料较易取得，也是大家最容易接受且好评不断的料理。印度菜使用优格做料理非常普遍，照着做，你也可以做出好吃的印度菜。

» 材料

草虾300克、蒜末1匙、姜末半匙、柠檬汁适量、优格1罐、香菜适量

» 调味料

辣椒粉适量，盐、胡椒粉、郁金香粉各1小匙

» 做法

1. 草虾去壳，留尾巴。
2. 锅中放入1匙油，放入蒜末、姜末及优格，倒入草虾及调味料一起煮，至汁变稠。
3. 将煮好的草虾盛入盘内，撒上香菜即可。

完美烹调宝典

* 用法国面包蘸煮好的酱汁，也很好吃。

CC的
私房笔记3
优格

印度风味烧肉丸

只要冰箱内有冷冻过久的吐司，我一定会想办法赶快把它用掉，当然最好的处理方式，就是拿它来做一道味美肉鲜的特色风味印度菜啰！

» 材料

绞肉600克、鸡蛋1个、吐司3片、洋葱1个（切末）、姜末1匙半、蒜末1匙半、香菜半杯、豆蔻粉少许、胡椒盐适量、小茴香粉少许、高汤3/4杯、辣椒粉少许、优格1瓶、姜黄粉适量

» 做法

1. 吐司撕碎，加入半杯高汤泡6分钟。
2. 绞肉加入吐司、鸡蛋、洋葱、蒜、姜、香菜末、豆蔻粉、小茴香粉、胡椒盐、辣椒粉，拌匀备用。
3. 将拌好的绞肉做成丸状，入锅煎至金黄色。
4. 蒜、姜、香菜末入锅爆香，倒入煎过的肉丸炒一下，再倒入优格、1/3杯高汤、姜黄粉、辣椒粉，烧6～8分钟以盐调味即可。

CC的私房笔记 4

素蚝油 & 味噌

素蚝油

素蚝油可以说是我的秘密武器，更可说是我料理的功臣：卤肉时，加一点素蚝油，会让整锅卤肉味道更香醇；做南洋料理时，若没有甜酱油，它也是最好的替代品；另外，做任何需添加酱油的料理时，我也会调低酱油的比例，改添加素蚝油，这样做出来的菜不但不会太咸，整个香醇度也会大大提高。

味噌

味噌，也叫日式大豆酱。是一种调味料，也用作汤底。原料主要有大豆、大米、大麦、食盐等，成品主要为膏状，制作方法与中国的黄豆酱、豆豉等很相似。一般人买味噌最多就是用来做味噌汤，除此之外，似乎就只能冷藏在冰箱中，真的是很可惜！味噌对我而言，是一个方便又有益的好调味料，就让CC教你，如何善用家中冰箱里的味噌吧！

一指神功烤牛小排

某天，我睡至下午两点多，肚子很饿，但翻遍了冰箱冷藏室也没找到任何我认同的美食，只好去冷冻室再找，啊！牛小排。但那会儿CC不想动刀，更不想太费事，糟糕的是还要解冻，真烦人！眼角瞄到一台小烤箱(只能转至15分钟的那种)，灵机一动，一指神功烤牛小排诞生了！在饥肠辘辘又懒得动刀时，它是最好的选择！

» 材料

牛小排3块、素蚝油1匙半、黑胡椒粉适量、柠檬半个

» 做法

1. 从冷冻室取出牛小排，用食指蘸上素蚝油涂抹牛小排正反两面，再撒上黑胡椒粉。
2. 处理过的牛小排放入小烤箱，转至15分钟后（15分钟一到刚好解冻），再转15分钟，完美牛小排就烤好了，取出，淋上柠檬汁，盛一碗白饭，将汤汁淋于白饭上即可享用。

完美烹调宝典

＊很多人都不知道铺在烤盘下的锡箔纸到底怎么用，正确的使用方法是：雾面的那面才是放食物的，亮面的是朝外的，亮面含锡，所以不要搞错哦！

CC的
私房笔记4
素蚝油

素蚝油焖冬瓜

这是一道好吃又易做的料理，不但材料家常， 而且做法简单到让人不敢相信，所以我常做且很爱吃，吃过的朋友都说很美味。多吃冬瓜会使人瘦哦！赶快动手试试吧！

» 材料

冬瓜600克、姜片4片、素蚝油4大匙(参考量，可依个人口味而加减)、水1/4杯

» 做法

1. 冬瓜去皮，切约5cm×5cm。
2. 锅中放人1匙油，待热，放人姜爆香后，加人冬瓜及素蚝油和水，盖锅盖，转小火煮至冬瓜熟透即可。

完美烹调宝典

＊若有鲜干贝可添加一些一起烹煮，味道会更鲜美。

CC的私房笔记4
素蚝油

素火锅高汤>>

有次宴请好友，我准备好了非常丰富的火锅食材，又熬了一锅我非常满意的汤头，才端放餐桌上，就听到了一个微弱的声音：“今天初一我吃素。”天啊！都已经要开饭了，真是晴天霹雳！我怎么另外熬煮高汤啊！没想到我那健忘又可爱的朋友居然说：“我刚开始忘了今天是初一，而且你是专业的烹饪老师，这点应该不会难倒你吧？”没关系，即兴的料理是难不倒CC我的，所以我的懒人素火锅高汤就这样诞生了。

» 材料

A.素蚝油半杯、水1000毫升

B.各类素火锅材料适量

» 酱料

素蚝油3匙、香油半匙、姜泥半匙、醋适量、辣椒油适量、芝麻酱2匙、白砂糖1/3匙，拌匀即成（这是火锅蘸酱哦！）

» 做法

将材料A煮滚，再放入材料B即可。

完美烹调宝典

*放上一片榨菜，汤头会更好。

CC的
私房笔记4
素蚝油

素拌面

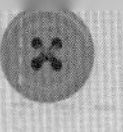

》 材料

阳春面适量、青菜适量

》 酱料

素蚝油3匙、香油半匙、姜泥半匙、醋适量、辣椒油适量、芝麻酱2匙、白砂糖1/3匙，拌匀即成（这也可作为火锅蘸酱哦！）

》 做法

1. 将面下锅煮熟，捞出放入碗中；青菜烫熟，沥干水分。
2. 酱料拌入面中，摆上青菜即完成。荤食者可加葱末。

CC的私房笔记4 味噌

长崎风味沙拉

以味噌做沙拉酱的基底，健康又可口，让我为之着迷，并常常乐此不疲地去教我周围的朋友。

» 材料

猪肉片或牛肉片200克，红、黄甜椒各1个，生菜100克，番茄1个，紫洋葱1/3个，白芝麻少许

» 腌料

酒半匙、日式柴鱼酱油2匙、白胡椒粉少许、味醂半匙

» 味噌沙拉酱

白味噌2匙、橄榄油4匙、白醋1匙半、味醂1匙、白砂糖1匙、蒜末1匙、白胡椒粉少许。取一只不锈钢调理盆擦干水分，放入味噌、味醂、白砂糖及胡椒粉，用打蛋器先拌匀，再慢慢倒入橄榄油，边倒边搅拌，再慢慢地倒入白醋（如喜欢酸味可多倒些），最后放入蒜末。味噌如较淡，可放少许盐。

» 做法

1. 肉片拌入腌料，放置20分钟。
2. 生菜冰镇后，沥干水分，红、黄甜椒切条，番茄切块，紫洋葱切圈。
3. 肉片入锅中煎熟，取出，备用。
4. 生菜、甜椒铺于盘内，再摆上番茄及紫洋葱，然后放上煎好的肉片，淋上味噌沙拉酱，撒上白芝麻即可。

完美烹调宝典

＊沙拉酱做好时，要放置约10分钟后才会更出味。

京都炸鸡沙拉 >>

结识超人气两性情感作家陶礼君，就是因这道料理。那时我们一起上了一个美食节目，录完节目后，陶礼君就说："CC，很好吃的料理哦！可不可以写出这道菜的做法给我？"当时觉得她真是一位既大方又可爱的名人。因此这里也将这道能"俘获人心"的菜跟大家分享。

» 材料

去骨鸡腿3只、生菜适量、低筋面粉半杯、太白粉半杯、白芝麻少许

» 腌料

酱油2匙、酒1匙、姜汁1匙、白胡椒粉少许、盐少许

» 沙拉酱汁

白味噌1匙、日式柴鱼酱油1匙、白醋2匙、白砂糖1匙、味醂1匙、姜汁1匙、蒜末1匙，用打蛋器打匀即成。

» 做法

1. 鸡腿洗净，沥干水分，切块，入腌料拌匀，放置30分钟。
2. 低筋面粉与太白粉混合。
3. 将腌好的鸡腿肉裹上混合过的面粉，放入160℃的油锅，炸至金黄色，取出，沥干油。
4. 生菜洗净，泡入冰水置30分钟后，沥干水分，铺于盘底。
5. 炸好的鸡块放在生菜上，淋上沙拉酱汁，撒上白芝麻即完成。

完美烹调宝典

＊炸完鸡块后，如觉得太油腻，可移入烤箱，上下火200℃，烤约5分钟可逼出余油。

＊生菜洗净，浸泡冰水，可增加其脆度，并减少蔬菜本身的菜腥味。

CC的私房笔记4 味噌

日式味噌风味烤肉串

朋友一直邀我去一家有点加州风格、装潢不错，但要预约等候的日式主题酒馆。这里2串鸡肉串要卖台币150元，再加10%服务费，而1串只有3小块肉，CC当然觉得贵啦！且不怎么好吃！我知道朋友一直“热情”邀约的用意，想让我重新整理一下这道菜，变成CC式的烤肉串嘛！

» 材料

去骨鸡腿肉2只、葱适量、七味粉少许、竹签适量

» 腌料

酱油2匙、蒜末1匙、葱末1匙、味噌1匙、糖少许、胡椒粉适量、白芝麻粉1匙、酒半匙

» 做法

1. 鸡腿肉切成4cm × 4cm块，放入腌料拌匀，放置1小时。
2. 葱洗净，沥干，切段。
3. 将竹签依序插入鸡块和葱段，鸡肉跟葱段都是3块。
4. 串好的肉串放入烤箱，上下火220℃烤约10分钟（时间需视烤箱功能而定，此为参考），取出后，撒上七味粉即可。如无烤箱，也可使用平底锅或炒锅煎熟。

完美烹调宝典

＊七味粉在一般超市均可买到。

味噌烤鲑鱼头 >>

一条鲑鱼，我最喜欢吃的部位就是鱼头了。烤好的鲑鱼头，再挤上柠檬汁，真是美味啊！CC写到这儿已经快受不了了，明天一定要买一个鲑鱼头来解馋！

» 材料

鲑鱼头1个、柠檬1个

» 腌料

味噌6匙、味醂2匙、酒3匙一起拌匀

» 做法

1. 鲑鱼头洗净，擦干，对切。
2. 将腌料均匀涂抹鲑鱼头，放入保鲜盒中，放入冰箱冷藏3天。
3. 烤箱设定上下火约200℃，将鲑鱼头烤约15分钟（时间需视烤箱功能而定，此为参考）。
4. 取出鲑鱼头，放入盘中，附上柠檬汁即可。

完美烹调宝典

* 青花鱼也很适合用这种方式做。
* 如一次烤半个鱼头，另半个可存放冷冻，约两个星期为保鲜期。

CC的
私房笔记4
味噌

京都烤排骨 >>

» 材料

猪肋排600克、葱1根（切丝）、姜丝适量

» 腌煮料

黑胡椒粉半匙、酒1匙、酱油2匙、味醂1匙、葱2根(拍扁)、姜3片(拍扁)

» 腌料

味噌3匙、蒜末1匙半、葱末2匙、味醂1匙、酒1匙、酱油2匙

» 做法

1. 猪肋排放入腌煮料拌匀，放置30分钟后，放入高压锅煮20分钟后取出（或放入一般锅煮1小时），待凉，沥干水分。
2. 将煮过的肋排再放入腌料拌匀，放置2小时后，移入烤箱，烤约8分钟取出，放于盆中，撒上葱丝、姜丝即可。

CC的私房笔记4
味噌

日式乡村味噌肉汤

汤头鲜美甘醇、回味无穷，这道乡村味噌肉汤，每每上桌后，汤一定是先喝完的！而且每个喝到此汤的人一定会跟我要它的食谱。

» 材料

小排骨600克、洋葱1个、高丽菜300克、胡萝卜1个、白萝卜1个、葱1根（切葱花）、味噌4大匙、味醂1匙、水3000毫升

» 腌料

味噌2匙、白胡椒粉适量、味醂半匙、酒1匙

» 做法

1. 排骨切块，放入腌料拌匀，放置30分钟，放入烤箱，200℃烤至上色，取出。
2. 洋葱切块，白萝卜及胡萝卜削皮，切滚刀块，高丽菜切块状。
3. 将烤过的排骨及洋葱块放入汤锅内，注入3000毫升的水，煮约20分钟，再倒入白、胡萝卜，并放入味噌及味醂，至萝卜煮透，再放入高丽菜煮一下，以盐调味，盛入碗中，撒上葱花即可。

完美烹调宝典

＊排骨先入烤箱烤，才能将油逼出。而腌过的排骨熬出来的汤头会更香浓。

CC的
私房笔记
味噌

芝麻鸡肉沙拉 >>

一位阿妈级学生告诉我："这是我好爱好爱的沙拉！"她还说："CC老师，我们越来越爱你了！因为你最懂我们的心了！"我觉得很开心也很感动。因为教学，我跟学生的感情好得像一家人，所以，想写出来跟大家分享。

» 材料

鸡胸肉300克、各式沙拉适量、白芝麻适量、面粉适量、黑胡椒粉和盐适量、鸡蛋1个

» 酱汁

橄榄油2匙、白芝麻少许、白醋2匙、味醂1匙、柴鱼酱油1匙、蒜末半匙、味噌适量，一起打匀

» 做法

1. 鸡胸肉撒上黑胡椒粉、盐，裹上面粉、蛋液及白芝麻压一下。
2. 处理过的鸡胸肉放入锅中煎一下，再放入180℃烤箱烤熟，或小火煎熟，取出切片。
3. 生菜洗净，放冰水中冰镇20分钟，沥干水分。
4. 生菜放入盆中，再放上鸡肉片，淋上酱汁即可。

CC的
私房笔记4
味噌

味噌风味香葱里脊卷

» 材料

里脊肉300克、葱3根（切段）、奶油1匙半、葱1根（切丝）、红辣椒丝适量、姜丝适量、面粉适量

» 腌料

蒜末1匙、酒1匙、淡色酱油1匙半、香油半匙、白胡椒粉适量

» 煮汁料

高汤1杯、味噌2匙、味醂1匙、柴鱼酱油3匙、白砂糖1小匙、酒1匙

» 做法

1. 肉切约0.3cm厚的薄片，再以肉锤棒拍打，使之松弛后，放入腌料拌匀，放置30分钟。
2. 将腌好的肉，卷入葱段(约3段)封口，用面粉黏合好。
3. 锅中放入奶油，小火熔化后，改中火，放入肉卷，稍煎一下取出。
4. 煮汁料煮滚倒入煎过的肉卷，煮至肉熟即可盛盘，并撒上葱丝、姜丝、红辣椒丝。

CC的私房笔记4
味噌

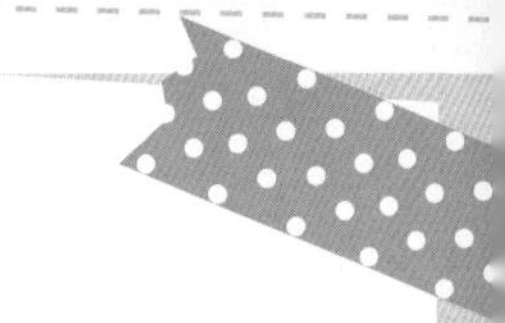

味噌蛋糕

奇妙的滋味，每个吃过的人都会这样评价，这滋味你一定要动手做来尝尝！

» 材料

鸡蛋6个（取蛋清）、白味噌50克、细砂糖180克、水半杯、味醂60毫升、泡打粉5克、低筋面粉180克

» 做法

1. 先将90克细砂糖加水煮，至糖溶解，待凉。
2. 白味噌加入味醂，再加入糖水拌匀。
3. 鸡蛋清加入90克细砂糖，以打蛋器打至蛋清不会流出。
4. 泡打粉和低筋面粉一起过筛。
5. 将上述食材一起拌匀，倒入模型中（模型要涂上薄油），放入烤箱（烤盘内先放半杯水，再放上模型），以上下火150℃，烤30分钟即可。

写了味噌我又发现，日式的柴鱼酱油及味醂也是让学生们头疼的调味品，大家会应用的范围太小了，所以也被强烈要求写于此书内。市售各家的柴鱼酱油除了必不可少的柴鱼片和酿造酱油做主料，同时结合数种食材，包括海带、洋葱、糖、酒等，味道鲜美、甘甜且独具海洋气息，在炎炎夏日尤其好用。味醂是一种类似米酒的日式调味料，由甜糯米加酒曲酿成，能有效去除食物的腥味。我常说，柴鱼酱油及味醂是好搭档，常常一同出现在很多料理中，而它们一起做出的味道，又能为你的料理增添浓浓的日式料理风味！

CC的私房笔记 5

柴鱼酱油 & 味醂

CC的私房笔记5 柴鱼酱油&味醂

赢家烤杏鲍菇 >>

不但是宴客的好料理，还是一道无法抵抗的超简单美食，因为它太容易了，太美味了，只需放入烤箱，随后即可完美上桌。开餐厅的学生说，这道菜非常受客人欢迎。

» 材料

杏鲍菇200克、柠檬1个、锡箔纸数张、奶油1匙、黑胡椒粉(粗)适量

» 酱法

柴鱼酱油(素食者可改用一般淡色酱油)5匙、味醂1匙，拌匀

» 做法

1. 杏鲍菇洗净，擦干水分，切成0.3cm厚的薄片。
2. 将锡箔纸撕成几张后，取一张涂上少许奶油，铺上约5片杏鲍菇，撒上黑胡椒粉，淋上酱汁，包成糖果状，放入烤箱上下火180℃，烤约6分钟（时间需视烤箱功能而定，此为参考），取出。
3. 食用时滴上几滴柠檬汁。记得汤汁一定要喝，非常鲜美哟!

CC的私房笔记5
柴鱼酱油&味醂

香菜拌香菇VV

做法超简单，味道超级棒的开胃小菜，超受长辈及同辈的称赞，连CC我都爱！

» 材料

鲜香菇300克、香菜末2匙

» 酱汁

柴鱼酱油4匙、味醂1匙半、柠檬汁1匙半，拌匀

» 做法

1. 鲜香菇用锡箔纸包好，放入烤箱，上下火180℃，烤6~8分钟，待熟后，取出。
2. 将香菇切条，放入调理盆内，再倒入酱汁及香菜拌匀即完成。

CC的私房笔记5 柴鱼酱油&味醂

日式鲜虾豆腐>>

清爽柔嫩的口感，是一道简单的宴客开胃菜。

» 材料

草虾4只、芙蓉豆腐1盒、姜泥适量、白萝卜泥适量、细葱少许

» 酱汁

柴鱼酱油3匙、砂糖半匙、白醋1匙、味醂1匙，煮匀

» 做法

1. 草虾汆烫熟，取出待凉，去头壳，留尾巴。
2. 豆腐放入碗内，铺上白萝卜泥，放入虾，撒上细葱，淋上酱汁，碗内边放上姜泥即可。

CC的私房签汨5
柴鱼酱油
& 味醂

日式鲜菇鸡肉

» 材料

鲜香菇数朵、鸡绞肉300克、太白粉适量、葱1根（切葱花）、芹菜末2匙、鸡蛋1个（取蛋清）

» 调味料

酒半匙、盐适量、白胡椒粉少许、味醂半匙

» 高汤

柴鱼酱油3匙、柴鱼精1匙、味醂半匙、水1杯，一起煮滚即成。

» 做法

1. 鸡绞肉加入芹菜末、鸡蛋清、调味料、太白粉拌匀。
2. 鲜香菇抹上太白粉，填入拌好的鸡绞肉，放入锅中蒸熟。
3. 蒸熟的香菇、鸡肉放入碗内，淋上高汤，再撒上葱花即完成。

日式蛤蜊饭

» 材料

米3杯、蛤蜊600克、竹笋200克、昆布(海带)1片、日式高汤约3杯、柴鱼酱油3匙、味醂大半匙、姜泥适量、酒1匙

» 做法

1. 竹笋放入淘米水煮熟，取出切小片。日式高汤大半杯，加酱油1匙半、味醂小半匙搅匀，放入笋片浸泡30分钟，取出，沥干水分。
2. 蛤蜊直接放入冷水中，加昆布煮滚后取出。待蛤蜊打开后，捞出，将蛤蜊肉取出。
3. 日式高汤大半杯，加入酱油1匙半、味醂小半匙搅匀，放入蛤蜊肉浸泡30分钟，取出，沥干水分。
4. 将步骤2的蛤蜊汤加入步骤3的浸泡汁，再加入没用完的日式高汤。
5. 米加入步骤4混合的汤汁煮熟后，放入蛤蜊肉及竹笋拌匀，加姜泥和酒，再焖煮一下即可。

完美烹调宝典

＊如觉得煮竹笋太麻烦，也可到超市购买真空包装的沙拉笋代替。

＊蛤蜊可放入盐水中吐沙，蛤蜊肉一定要吐沙吐干净，否则会影响整锅的美味。

CC的
私房笔记5
柴鱼酱油
&味醂

日式姜汁猪排饭

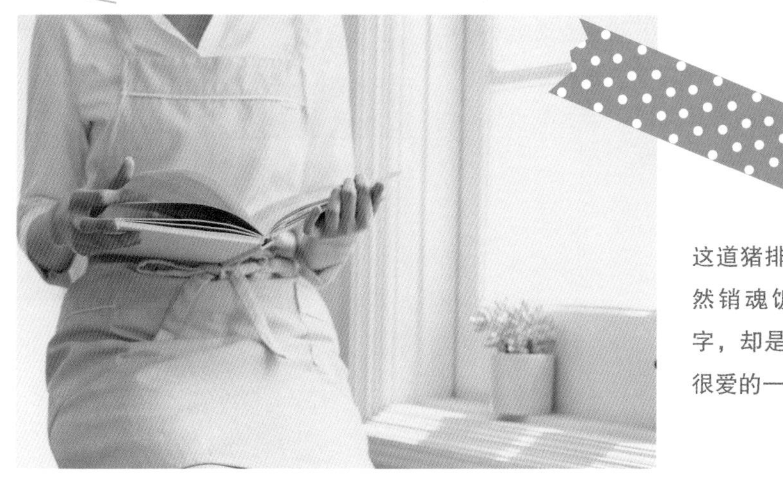

这道猪排饭，虽没有像“黯然销魂饭”那么夸张的名字，却是我的学生和家人都很爱的一道简餐！

» 材料

小里脊肉400克、柳松菇100克、洋葱2/3个（切丝）、葱1根（切丝）、姜末1匙、奶油半匙、油2匙、白饭适量

» 酱汁料

味醂2匙、酒1匙半、酱油1匙、柴鱼酱油3匙、高汤半杯

» 腌料

酒半匙、味醂半匙、酱油2匙半、姜汁1匙、白胡椒粉少许

» 做法

1. 将小里脊肉切约0.7cm厚的片，拍打松弛后，放入腌料拌匀，放置30分钟。
2. 锅中放入2匙油，待热，放入腌好的肉煎至8分熟，取出备用。
3. 洋葱丝放入锅内炒一下，放入柳松菇同炒，再放入煎过的肉片、酱汁料和姜末煮至肉熟，放入奶油，拌匀即可。
4. 碗内盛入白饭，铺上猪肉片和柳松菇，淋上汤汁，撒上葱丝即可食用。

CC的
私房笔记5
柴鱼酱油
&味醂

日式海瓜子饭

有一次学生从北海道回来，告诉我说："老师，你实在很厉害！我在北海道吃到了海瓜子饭，但味道不如你做的甘醇鲜美耶！"所以CC决定写出来，让大家也都来尝尝这道好吃的海瓜子饭。

» 材料

海瓜子600克、米2杯半、糯米半杯、昆布2片、嫩姜末1匙半、紫苏叶数片（切丝）、高汤1杯半

» 调味料

酒1匙、味醂1匙、柴鱼酱油3匙、盐适量

» 做法

1. 糯米洗净，泡水1小时后，沥干。
2. 海瓜子放入锅中，放入1杯半水，加入昆布煮滚后，先取出昆布，再煮至海瓜子壳打开，取出肉，汤汁备用。
3. 将海瓜子肉放入碗内，加入酒1匙、味醂1匙、柴鱼酱油3匙，腌30分钟，取出。
4. 嫩姜末放入锅中爆香，放入糯米与米同炒至呈象牙白，注入备用的汤汁和高汤拌匀，锅内再铺上一片昆布一起煮。
5. 煮熟后，将一半海瓜子拌入饭内，另一半撒在饭上，撒上紫苏叶即可。

日式马铃薯炖肉 >>

我与两位好友最喜欢去新竹两天一夜游。在一家有名的日式烤肉店里，他们两位点了这道菜给我，说很好吃，要我一定要吃吃看。两个星期后，我要他们乖乖到我的工作室学这道菜，当然他们的评语是，还是CC做的比较好吃！

» 材料

肉片600克、马铃薯300克、洋葱2个（切丝）、油2匙、水3杯

» 煮汁

柴鱼酱油1/3杯、味醂1/3杯、酱油1/3杯、柴鱼精1匙

» 做法

1. 马铃薯去皮，切块。
2. 锅中放入2匙油，将洋葱炒透，放入肉片炒一下，再放入煮汁和水及马铃薯块炖煮，至马铃薯熟透，即完成。

CC的
私房笔记5
柴鱼酱油
& 味醂

亲子饭

最受主妇们青睐的好料理，只要一锅，搞定全家人的胃！

» 材料

去骨鸡腿3只、洋葱1个（切丝）、葱2根（切丝）、白饭4碗、鸡蛋4个、柴鱼酱油2匙

» 调味料

柴鱼精1匙、高汤1杯半、味醂1匙、柴鱼酱油5匙、酱油1匙、白糖半匙

» 做法

1. 鸡腿肉去皮，切长条状，放入2匙柴鱼酱油腌20分钟。
2. 洋葱入锅炒软，放入调味料至滚，即下鸡腿肉煮至肉熟，倒入蛋液，呈5分熟即起锅，淋在白饭上，再撒上葱丝即可。

CC的
私房笔记5
柴鱼酱油
& 味醂

日式炸豆腐 >>

这是我在居酒屋最爱点的料理，也是很多人必点的菜式，不妨自己在家动手试试。

» 材料

豆腐2块、白萝卜泥4大匙、低筋面粉适量、葱花3匙、姜泥1匙半

» 煮汁

柴鱼精1匙、高汤1杯、味醂4匙、柴鱼酱油4匙、酱油1匙，煮滚即成。

» 做法

1. 豆腐切块状，裹上面粉，放入约200℃油锅，炸成金黄色取出。
2. 将炸好的豆腐放入碗内，摆入姜泥，淋上煮汁，最后摆上白萝卜泥，撒上葱花即可。

CC的私房笔记5 柴鱼酱油&味醂

京都鸡肉卷

乍一听，这似乎是很厉害的一道料理，其实做法很简单，跟着CC我的步骤做，你也可以像餐厅大主厨一样做出很专业的料理！

》 材料

去骨鸡腿3只、胡萝卜条适量、香菇数朵（切条）、棉线4根、小黄瓜1根（切条）

》 腌料

酒1匙、盐少许

》 煮汁

高汤半杯、味醂1匙、柴鱼酱油5匙

》 做法

1. 胡萝卜切条，煮熟。
2. 鸡肉放入腌料，腌30分钟。
3. 将鸡肉铺平，包入胡萝卜条、小黄瓜条、香菇条卷起，用棉线捆绑好，放入锅中煎至焦黄，倒入煮汁，煮至汁快收干时起锅，剪开棉线，切片、摆盘即完成。

日式培根菠菜>>

我常跟学生说，菠菜最好不要炒，会破坏菠菜的有机质与养分。因为炒时会加盐，而盐中所含的钠离子就会破坏菠菜的有机质。这道日式料理，使我一位近二十年不碰菠菜的学生吃了它，真使我感动万分！

» 材料

菠菜300克、培根3片、蒜末1匙、姜末半匙

» 调味料

味醂1匙、柴鱼酱油5匙、水3匙

» 做法

1. 菠菜放入滚水中烫熟，取出，切段，放置盘中。（我常使用无水烹调，蔬菜本身较鲜甜，口感较佳，也不涩。）
2. 培根切约1cm长，放入锅中煎至焦黄，再放入调味料煮滚，熄火，放入蒜末与姜末拌匀，淋在菠菜上即可。

CC的私房笔记 6

泡菜 & 韩国辣椒酱

泡菜

泡菜，可能一般来说都是买回来直接当配菜享用，或用来煮泡菜锅，但对我而言，它却是最能快速料理的好素材哦！最重要的是，它能让不太会料理的人，做出美味好吃、令人刮目相看的韩国菜。

韩国辣椒酱

谈到韩国泡菜，韩国有一样最经典的调味料——韩国辣椒酱，它可以说是韩国菜的灵魂！很多料理少了它，就不是韩国菜了，吃起来也没有韩国风味，尤其特别的是它鲜红的色泽。菜加了它，看起来总能令人食指大动，充满食欲！

说到韩国辣椒酱，要特别感谢一位朋友给了我灵感！有一次上了她的广播节目，她问我："CC，我家那罐韩国辣椒酱一直放在冰箱里，可以做什么啊？"我想一定有很多人也有同样的困扰，所以，我将此酱的用法整理一下，分享给大家，我相信你家的韩国辣椒酱一定很快就用完啰！

CC的
私房笔记6
泡菜

泡菜炒牛肉

前几天，我的一位好友生日，这位寿星朋友指名要在我的烹饪工作室庆祝生日，CC只好认真地询问她想吃些什么菜。她说：“泡菜炒牛肉！其他就都可以啰！”可想而知，好客的CC准备了八菜一汤，并烤了一个蓝莓蛋糕帮她庆祝生日，她自然是感激万分！而准备生日宴会的菜，CC也只花了两个钟头，就高质、高效地完成，这全是因为CC充分掌握了酱料的运用之道！

» 材料

牛肉片300克、泡菜200克、香油1匙、葱2根（切段）、蒜头2瓣（切片）、红辣椒2根（切段）、油2匙

» 腌料

酱油1匙、素蚝油1匙、香油半匙、白胡椒粉少许、酒1匙、鸡蛋1个（取蛋清）、太白粉1匙半

» 做法

1. 牛肉片拌入腌料放置30分钟。
2. 锅中放入2匙油，待热，放入腌过的牛肉片，快速拌炒几下，取出肉片。
3. 蒜、葱放入炒肉的锅内爆香，随即倒入牛肉片、红辣椒及泡菜快速拌炒几下，放进葱段、淋上香油，再拌炒一下即可。

CC的
私房笔记6
泡菜

韩国泡菜寒天鸡 >>

这是我的减肥餐。因为CC太爱美食了，不小心享用得太多，身材已发出强烈警告了，所以才做出了减肥餐。它低热量、耐吃又味美，最重要的是，对爱好美食的我来说，有酸辣的口感，才不愧对我的胃。这是被自己身材吓到后用惊悚和觉悟换来的韩国泡菜寒天鸡，值得庆幸的是，只要吃过的人都称赞哦！

» 材料

泡菜150克、鸡胸肉150克、寒天冬粉或魔芋条半包、香菜适量、葱丝适量、红辣椒丝适量

» 做法

1. 鸡胸肉汆烫后，切丝。
2. 寒天冬粉入滚水煮熟，取出，沥干。
3. 泡菜及泡菜汁入锅炒一下，放入煮熟的寒天冬粉拌炒，熄火，加入鸡肉丝与香菜拌匀盛入盆内，撒上葱丝及红辣椒丝。

» 冷食

将做熟的鸡肉与寒天冬粉、泡菜、香菜拌匀即可食用。

完美烹调宝典

* 魔芋热量比寒天冬粉更低，又高纤维，所以更利于减肥。

韩式肉片拌泡菜

这道是属于热量较低的料理，也是美味减肥餐之一哦！

» 材料

肉片400克、泡菜200克、韭菜段1/4杯、葱2根、姜3片、酱油适量、绿豆芽（掐头去尾）半杯、香油适量

» 做法

1. 水开放入肉片及葱、姜、盐，再煮滚后，改小火。肉煮熟后，起锅。
2. 韭菜、绿豆芽汆烫，沥干水分。
3. 泡菜汁放入碗内，加入酱油、香油拌匀，再加入熟肉片、韭菜、绿豆芽及泡菜拌匀即可。

韩式泡菜水饺

若是大家跟CC一样爱偷懒，其实是可以买现成的水饺皮来包的，但千万要选品质好的水饺皮，因为CC的馅料实在是太完美了，我还是希望能有相配的饺子皮，才能让这道韩式泡菜水饺的风味“跳”出来。所以我还是把水饺皮的做法写出来，希望能让它的原汁原味出现在你家餐桌上。

》材料

绞肉300克、泡菜末150克、韭菜末150克、虾米末2大匙、姜末1匙、冬粉末1/3杯、葱末1/3杯

》调味料

香油1匙、酱油2匙、白胡椒粉适量、盐半匙

》水饺皮

中筋面粉300克、水1杯、盐1匙

》做法

1. 面粉加入盐水，揉至面团表面光滑，以湿布覆盖，醒面30分钟，再擀成皮。
2. 调理盆内放入所有材料及调味料拌匀。
3. 将饺子馅包入饺子皮内。
4. 煮一锅水，待水开，即放入水饺煮，每开一次，即倒入一杯冷水，重复三次即煮熟。

完美烹调宝典

* 虾米洗净，浸泡米酒约10分钟，可去除腥味，并增加香气。
* 一次可以多包一点，排列好放冷冻室，待冰冻后，再分装至食品袋中存放。要食用时，再拿出来煮熟即可，非常方便。

CC的私房笔记6 泡菜

泡菜煎饼>>

» 材料

面粉2杯、泡菜末1杯半、葱3根（切葱花）、蒜末1匙、韭菜末半杯、香油适量、高汤3/4杯、油2匙

» 做法

1. 面粉加入高汤拌匀，再加入其他材料混合均匀成稠状。
2. 锅中放入2匙油，待热，倒入步骤1的面糊煎成饼状，至熟即完成。

韩风节节高升

这道料理很适合在过节时端出来，也是我在客人多时喜欢煮的大锅料理，客人们都赞不绝口哦！

» 材料

韩国年糕1包、大白菜150克、泡菜200克、韭菜100克（切段）、黑木耳100克、蒜头2瓣、五花肉片200克、豆瓣酱半匙、高汤1000毫升、酱油1匙、米酒1匙、板豆腐1块（切小块）

» 做法

锅热，先放入蒜头及韭菜根爆香，再入五花肉片炒香，加入豆瓣酱炒香，洒上米酒，稍炒一下即倒入高汤、大白菜煮滚；再入泡菜、豆腐、木耳，煮5分钟后，放入年糕煮3分钟，起锅，放入韭菜叶即成。

完美烹调宝典

＊小学六年级时，外婆教我，不管炒面还是炒米粉，材料中会用到韭菜时，韭菜根（较白的部位）是爆香料中的好材料，可使整锅料理更香。

CC的
私房笔记6
泡菜

泡菜蛤蜊汤 >>

这是一道超鲜甜、超好喝的汤，更是初学者首选的入门佳肴哦！

» 材料

泡菜2杯、高汤1500毫升、蛤蜊600克、嫩豆腐2块、虾8只、韩国辣椒粉适量、韩国辣椒酱1匙、葱花2匙、香油适量

» 做法

高汤先煮滚，放入泡菜与韩国辣椒粉、韩国辣椒酱煮滚，再放入切块的豆腐煮约8分钟。再入虾及蛤蜊，待海鲜煮滚，淋上香油，撒上葱花即可。

完美烹调宝典

＊蛤蜊本身已有咸味，烹调时需留意，无须加入太多盐。

泡菜肉末

这道泡菜肉末可说是我的拿手私房菜，每次端上桌，它都很抢手。它做法简单，不会做菜的人也能轻松上手。我开餐厅的学生也将此道菜列入菜单，总是得到客人的好评，点菜率很高哟！更棒的是，做菜的成功率百分百，不信现在就动手试试吧，保证会让你今天胃口大开！

» 材料

泡菜250克、绞肉300克、蒜末1匙、香菜末1匙、素蚝油1匙半、香油1匙、生菜适量、油2匙

» 做法

1. 泡菜取出，切碎，汤汁保留。
2. 锅内倒进2匙油，待热，放入蒜末和香菜末爆香，再放入绞肉炒散，放入泡菜汁及素蚝油炒几下后，倒入泡菜炒3分钟，熄火，淋上香油拌一下，倒入盘内即完成。享用时，包上生菜也很爽口美味！

完美烹调宝典

＊绞肉一定要炒至松散，才不会有肉腥味。

韩国风味烤肉>>

有句话叫无肉令人瘦。每当宴客时，如果有爱好肉食的朋友，我一定会准备这道菜。这道佳肴只要一上桌，定能满足他们的胃口，更能让整个聚会气氛超级活跃。所以，不妨在中秋节时，用这道菜来展现你的厨艺，一定能让你有个大受赞赏且难忘的佳节记忆！

» 材料

牛小排肉片600克、生菜600克、蒜片1小碟、青辣椒片1小碟、白芝麻适量

» 腌料

韩国辣椒酱3匙、酱油2匙、香油1匙、白砂糖1匙、蒜末1匙半、黑胡椒粉半匙、味噌2匙

» 做法

1. 将肉拌入腌料中拌匀，放1小时后，入锅中煎熟，撒上白芝麻即可。
2. 食用时，将生菜包肉夹入蒜片和青辣椒片。

完美烹调宝典

＊如果不吃牛肉，也可改用猪小里脊肉或鸡胸肉，做法一样，也很好吃。当然，若是要宴客，CC建议，三种肉都准备更好哦！

韩国风味拌海鲜

» 材料

草虾8只、花枝150克、韭菜60克、泡菜1盒(小)、红辣椒1个（切丝）、葱1根、姜2片、酒60毫升、白芝麻适量

» 调味料

葱末1匙、蒜末1匙、香油适量、韩国辣椒酱1匙半、味醂半匙。

» 做法

1. 草虾、花枝放入加了酒、葱、姜的滚水中烫熟，沥干水分。
2. 韭菜烫熟或无水烹调，切段，泡菜切粗丝。
3. 取一只调理盆，将调味料拌匀后，加入上述食材充分拌匀，盛入盘中，撒上白芝麻即完成。

完美烹调宝典

＊无水烹调：将洗净的蔬菜直接放入锅内，盖上锅盖，待冒烟即熄火。此种烹煮方式较能保持蔬菜的鲜甜味，一些海鲜也可用这种方式烹煮，但烹煮用的锅必须选择材质好的，否则菜会焦掉。

CUVEE

CC的
私房笔记6
韩国辣椒酱

韩式烩鲜鱼>>

» 材料

鲷鱼600克、金针菇100克、鲜香菇（切丝）100克、胡萝卜丝50克、蒜末半匙、高汤4匙、葱丝适量

» 腌料

酱油1匙半、柠檬汁1匙、味醂半匙、胡椒粉适量、韩国辣椒粉适量

» 调味料

酱油2匙、韩国辣椒酱2匙、香油半匙

» 做法

1. 鱼放入腌料，腌20分钟。入锅煎熟，取出，铺于盘中。

2. 锅中放入蒜末爆香，加入鲜香菇炒香，再放入金针菇及胡萝卜丝炒匀。加入高汤煮滚，再放入调味料（香油除外）煮约2分钟，再淋上香油拌一下。起锅淋在鱼上，撒上葱丝即可。

干烹小鲜鱼

我有一伙朋友很喜欢去韩国餐馆吃饭，不知道他们怎么那么爱去。有一回我也就跟着他们一起去，原来，他们是迷上了烤肉（做法请参照P.123）及此道料理！我跟他们开玩笑说：“各位，你们钱多吗？交钱来！CC教你们！”真的还是自己做的料理最棒！这就是他们学会做菜的感言。

» 材料

去掉皮、骨的白鱼肉500克，蒜末3匙，葱花4大匙，红辣椒末1匙，香油，干辣椒适量

» 调味料

糖1匙、水2匙、味醂半匙、乌醋1匙、韩国辣椒粉适量、酱油2匙、韩国辣椒酱3匙

» 面糊

鸡蛋2个、水半杯、面粉1杯、盐少许、糖少许、油半匙、发酵粉半匙，拌匀

» 做法

1. 鱼切块，撒上适量的盐、白胡椒粉和香油拌匀，放置15分钟。
2. 腌过的鱼裹面糊，放入170℃油锅，炸至金黄色，沥干油。
3. 锅热，放入香油及油，爆香蒜、葱花和干辣椒，放入炸好的鱼块拌炒一下，再加调味料快炒几下，放入红辣椒末及葱花，撒上香菜，拌一下即可。

韩国肉酱面>>

这个肉酱不管拌面、拌饭都好吃。我常常一次炒上一大锅，让它放凉，再装进干净的玻璃罐内，放冰箱冷藏，约可存放3个星期。使用时很方便，也是送礼的首选。

» 材料

绞肉600克、拉面适量、小黄瓜丝适量、胡萝卜丝适量、蒜末2/3匙、洋葱末3匙、葱末1匙、油2匙

» 调味料

甜面酱2匙半、韩国辣椒酱4匙、酱油4匙、韩国辣椒粉适量、香油1匙

» 做法

1. 锅中放入2匙油，爆香蒜末、倒入洋葱末，炒至透亮状后，放入绞肉炒散。
2. 加调味料继续炒至颜色变深，加入葱花，拌入香油，关火，肉酱即成。
3. 将煮熟的面放入碗中，先放入肉酱，再摆上小黄瓜丝、胡萝卜丝，撒上葱花。

CC的
私房笔记6
韩国辣椒酱

韩式甜辣鸡>>

非常有韩国风味的一道菜，劲辣开胃，是很适合有三五好友来访，或亲戚聚会时端上餐桌的开味菜，更是喝啤酒时很不错的下酒菜。

» 材料

鸡腿肉600克、面粉适量、白芝麻适量

» 腌料

蒜末1匙、洋葱末2匙、黑胡椒盐适量、香油1匙

» 调味料

TABASCO适量、韩国辣椒酱3匙、酱油2匙、韩国辣椒粉适量、蜂蜜半匙、高汤3大匙、味醂1匙

» 做法

1. 鸡腿肉切块放入腌料，腌30分钟后，裹上面粉，放入160℃油锅，炸熟至金黄色，取出沥干油，备用。
2. 调味料（蜂蜜除外）放入锅中煮滚，倒入炸好的鸡块煮至上色后，倒入蜂蜜，淋上香油，撒上白芝麻。

韩国红烧鸡

材料

鸡腿3只（切块）、洋葱1/4个（切块）、胡萝卜半个（切块）、马铃薯2个（切块）、蒜瓣适量（切成12粒）、葱3根（切段）、高汤半杯、油2匙

腌料

酱油2匙、韩国辣椒粉2匙、蒜末1匙、味醂半匙、香油1匙

调味料

酱油2匙、韩国辣椒酱3匙半、味醂半匙

做法

1. 鸡肉块放入腌料，腌30分钟。放入锅中煎至上色，或放入烤箱，上下火200℃，烤至上色，取出备用。
2. 锅中放入2匙油，待热，放入蒜粒爆香，再放入洋葱拌炒一下，再放胡萝卜、马铃薯炒一下，倒入高汤与调味料煮至马铃薯快熟时，再入鸡块煮一下，最后放入葱段及香油拌炒即可。

CC的私房笔记6
韩国辣椒酱

韩式透抽>>

既开胃又美味，很适合拿来当下酒菜，或作为宴客的开胃菜，也是CC我非常爱吃的菜呢！

》材料

透抽300克、蒜苗1根、红辣椒1个、芹菜丝适量

》酱汁

韩国辣椒酱2匙、酱油2匙、蒜末半匙、柠檬汁适量、香油1匙、白芝麻适量

》做法

1. 蒜苗、红辣椒切丝泡冰水，约5分钟后取出，沥干水分，透抽切圈状，入锅汆烫，捞出备用。
2. 上述食材加芹菜丝拌入酱汁，盛入盘中，撒上白芝麻即完成。

韩国风味炒透抽

材料

透抽500克、洋葱半个（切丝）、葱2根（切段）、蒜末2匙、韩国辣椒酱3匙、小黄瓜2根（切滚刀块）、香油1匙、油1匙

调味料

味醂1匙、黑胡椒粉半匙、酱油2匙半

做法

1. 透抽洗净，去皮，切花刀备用。
2. 锅中放入1匙油，蒜末、洋葱炒香后，加入韩国辣椒酱炒一下，加入透抽炒约快熟时，再放入小黄瓜与调味料炒匀，加入葱段及香油拌一下即可。

CC的追加笔记7

韩国柚子酱

已经完稿了，也拍好了照片，但我那些可爱的学生突然问我："老师，你那么了解韩国的泡菜和辣椒酱，那韩国柚子酱呢？除了当饮料喝，能够拿来做料理吗？如果能，你一定要放在这本书中！"CC我只好快马加鞭，将韩国柚子酱也写进来，完成他们的心愿。同时，也谢谢他们提醒我，原来，有那么多人想要充分利用手上的酱料与食物！

CC的
追加笔记7
韩国柚子酱

柚香排骨>>

» 材料

猪小排600克、太白粉、鸡蛋1个（打散）、柚丝及葱丝适量

» 腌料

酒1匙、酱油3匙、香油1匙、白砂糖1/3匙、白胡椒粉适量、葱2根（拍扁）、姜2片（拍扁）

» 柚香汁

柚子酱4匙、柠檬汁1匙半、盐2/3匙、高汤1/4杯

» 做法

1. 猪小排放入腌料拌匀，放置30分钟。
2. 腌过的猪排加蛋液拌匀，裹上太白粉，入180℃油锅炸至金黄色，取出。
3. 柚香汁放入锅煮匀，和炸好的猪排拌炒匀，用太白粉勾芡，淋上香油，撒上柚丝及葱丝即可。

柚子沙拉酱

1 柚子酱3匙
2 橄榄油3匙
3 味醂1匙
4 柠檬汁1匙半
5 第戎酱1匙
6 盐半匙
一起拌匀即成

» 材料

草虾8只，苹果1个，四季豆6根，红、黄甜椒各半个，生菜适量，柠檬汁1匙

» 做法

1. 苹果去皮，去籽，切片，加1匙柠檬汁拌匀（防止变黑）。
2. 四季豆汆烫熟，取出待凉，斜切细段。生菜切丝，冰镇20分钟后，沥干水分。
3. 草虾煮熟，取出，待凉，去壳。
4. 盘中铺上苹果片，再放虾，最后摆上所有蔬菜，淋上柚子沙拉酱即完成。

CC的贴心笔记8 酱料随手小抄

本书中所介绍的各种酱料，都是在超市中买得到或是家中本来就备有的调味料。懂得善用调味料，相信就算不太会做菜，你也能烹调出让人惊讶的好味道！

CC特意将本书中的酱料收录成小抄，方便剪下贴在厨房，让你在操作时更得心应手！也可以变化出你自己的酱料，写成小抄，让美食生活变得更有趣！

请将CC的贴心小抄沿虚线剪下，可以贴在厨房角落当备忘哟！

酱料随手小抄

甜鸡酱 基本公式

1 市售甜鸡酱5匙
2 鱼露半匙
3 白砂糖2/3匙
4 柠檬汁2匙半
（可随个人喜爱的酸度增减）
5 蒜末2匙
6 香菜末2匙
7 红辣椒末1匙半

一起拌匀，
等待10分钟，入味后即成

酱料随手小抄

素拌酱 基本公式

1 素蚝油3匙
2 香油半匙
3 姜泥半匙
4 醋适量
5 辣椒油适量
6 芝麻酱2匙
7 白砂糖1/3匙

一起拌匀即成
（也可作为火锅蘸酱哦）

酱料随手小抄

欧风酱 基本公式

1 美乃滋100克
2 法式芥末酱1匙
3 柠檬汁1匙
4 洋葱末1匙
5 蒜末半匙
6 黑胡椒粉1小匙
7 西洋香菜1小匙

一起拌匀即成

酱料随手小抄

塔塔酱 基本公式

1 美乃滋100克
2 酸黄瓜末1匙
3 洋葱末1匙
4 切碎的熟鸡蛋1个
5 柠檬汁2/3匙
6 西洋香菜1小匙

一起拌匀即成

请将CC的贴心小抄沿虚线剪下，可以贴在厨房角落当备忘哟！

酱料随手小抄

西班牙风味酱

基本公式

1 美乃滋100克
2 洋葱末1匙半
3 蒜末1匙
4 黑胡椒粉半匙
5 番茄酱2匙
6 西洋香菜1小匙

一起拌匀即成

酱料随手小抄

美乃滋优格酱

基本公式

1 美乃滋
2 原味优格
3 少许盐

一起拌匀即成
（美乃滋跟优格比例为1:1）

酱料随手小抄

日风蘸酱

基本公式

1 美乃滋100克
2 番茄酱2匙
3 辣酱油1匙

一起拌匀即成

酱料随手小抄

和风美乃滋酱

基本公式

1 美乃滋100克
2 山葵2匙
3 柠檬汁1匙

一起拌匀即成

酱料随手小抄

墨西哥酪梨酱

基本公式

1 酪梨半个（捣成泥）
2 美乃滋100克
3 蜂蜜1匙
4 蓝莓泥50克
5 柠檬汁2/3匙

一起拌匀即成

酱料随手小抄

法式蜂蜜芥末酱

基本公式

1 美乃滋100克
2 蜂蜜1匙半
3 蒜末半匙
4 洋葱末1匙
5 酸黄瓜末1匙
6 芥末酱1匙
7 柠檬汁1匙
8 西洋香菜1小匙
9 切碎的熟鸡蛋1个

一起拌匀即成

酱料随手小抄

百香果美乃滋酱

基本公式

1 美乃滋100克
2 洋葱末1匙
3 番茄酱1匙半
4 TABASCO（塔巴斯科辣酱）半匙
5 百香果半匙

一起拌匀，
待10分钟后味道更好

酱料随手小抄

味噌沙拉酱

基本公式

1 白味噌2匙
2 橄榄油4匙
3 白醋1匙半
4 味醂1匙
5 白砂糖1匙
6 蒜末1匙
7 白胡椒粉少许

一起拌匀即成

请将CC的贴心小抄沿虚线剪下，可以贴在厨房角落当备忘哟！

酱料随手小抄

水果优格沙拉酱

基本公式

1 蓝莓（或蔓越莓、百香果、芒果等）半杯
2 优格1杯
3 蜂蜜2匙
4 盐少许

一起拌匀即成
（基本原则是水果和优格比例为1:2）

酱料随手小抄

记下属于你自己的公式

酱料随手小抄

千岛酱

基本公式

1 美乃滋100克
2 洋葱末1匙
3 酸黄瓜末1匙
4 番茄酱2匙
5 切碎的熟鸡蛋1个
6 西洋香菜半匙
7 香橙浓缩汁1匙

一起拌匀，
待10分钟后，味道更佳哦

酱料随手小抄

记下属于你自己的公式

请将CC的酱料小抄沿虚线剪下，可以贴在厨房角落当备忘哟！

作者介绍：

洪白阳（CC）

她被学生亲切地称为CC老师，

是台湾瑞康屋厨艺教室的超人气烹饪老师，

是众多美食节目的示范老师。

她爱烹饪，也爱教学，

把烹饪当做美学生活的一种实践，

把教学当做幸福心情的一种传递。

她爱吃、懂吃、会吃，

又有着超一流的精湛厨艺。

她说，做出美食的三大秘诀就是——

新鲜的食材、合适的工具以及对美食的爱。

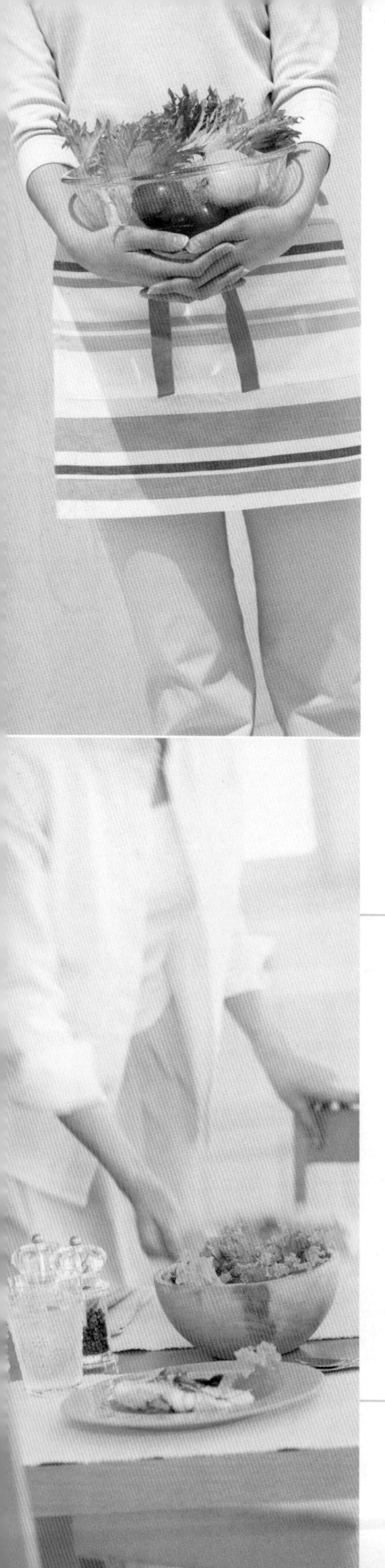

《美食原来可以酱做》中文简体字版于2011年经旗林文化出版社有限公司授权由河南科学技术出版社有限公司出版
著作权合同登记号：图字16—2011—064

图书在版编目（CIP）数据

新手也会用的异国酱料/洪白阳（CC）著.—郑州：河南科学技术出版社，2012.2

ISBN 978-7-5349-5302-6

Ⅰ.①新…　Ⅱ.①洪…　Ⅲ.①菜谱-泰国　Ⅳ.①TS972.183.36

中国版本图书馆CIP数据核字（2011）第196335号

出版发行：河南科学技术出版社
地址：郑州市经五路66号　邮编：450002
电话：（0371）65737028　65788613
网址：www.hnstp.cn

策划编辑：李　洁
责任编辑：杨　莉
责任校对：张小玲
封面设计：张　伟
责任印制：张　巍
印　　刷：北京盛通印刷股份有限公司
经　　销：全国新华书店
幅面尺寸：168 mm×230 mm　　印张：9　　字数：150千字
版　　次：2012年2月第1版　　2012年2月第1次印刷
定　　价：32.00元